CBT 対策と演習
物理化学

薬学教育研究会　編集

東京　廣川書店　発行

本シリーズ発刊の趣旨

　本シリーズは，CBT に対応できる最低限の基礎学力の養成をめざした問題集であり，予想問題集ではない．

　CBT では平均解答時間は 1 問 1 分とされているが，解答時間が 1 分以上長くかかるもの，あるいは出題形式としては好ましくない "誤りを選ぶもの" も例外的に含まれている．これは，限られた紙面の中で，できるだけ多くの基本事項をより広く応用できるよう目指して作題されたからである．

　CBT の対策と演習という観点から，やや難解な問題も含むが，将来に向かって十分対応できるように，じっくりと学んでいただきたい．

まえがき

　本書は書名に示すとおり薬剤師となるための前段階であるCBT（computer based testing）に向けて，薬学の物理化学的分野の知識を整理するために企画された参考書です．

　「学生が勝手に勉強してくれて，教員は追加説明しなくてもよいほど丁寧な解説付きのもの」を基本的なコンセプトにして本書は作成してあります．

　物理化学は抽象的な概念が多く難解に思えますが，その知識はいろいろな分野で出番があります．

　たとえば沸騰は日常的に見慣れている現象ですが，なぜ沸騰や突沸をするかを説明するには物理化学の知識が必要です．医薬品が水に溶け，生体膜を通って吸収されて薬効を発揮しますが，溶解とはどんなことか，膜透過するときにどんなことが起こっているのかを合理的に説明するのも物理化学の知識です．

　物理化学的な考え方は薬学のいずれの分野においても重要ですので，薬学部では一般物理化学，製剤の物理化学，生物の物理化学などを通して学習します．

　このような分野の基礎知識を演習問題とともに簡潔にまとめたのが本書の特徴です．教科書と本書を併用して，問題を解きながら物理化学の知識を正確に把握し，基礎学力を高めましょう．

　本書は全部で15章あります．その内容には，日本薬学会提起のモデルコアカリキュラム「C1　物質の物理的性質」と「C3　生体分子の姿・かたちをとらえる」に記載の項目およびそれに関連する事項，「C16　製剤化のサイエンス」に示されている項目についての物理化学的見地からの知識，生物物理化学と放射化学などがあり，物理化学的内容が充実しています．

　この参考書を副読本にして勉強すれば，「物理化学分野なんか恐くない」とCBTに際して学生の皆さんが自信を持てることを，執筆者一同は願っています．

　本書の刊行にあたり御配慮いただいた廣川書店社長廣川節男氏，常務取締役廣川典子氏，編集部野呂嘉昭氏，荻原弘子氏に感謝いたします．

平成21年9月

薬学教育研究会

目　次

第1章　SI単位と日本薬局方一般試験法 ……………………………… *1*

1.1　SI単位　　1
1.2　物理化学関連の日本薬局方（JP）一般試験法　　4
　確認問題　　5

第2章　物理化学の基礎 …………………………………………………… *9*

2.1　原子と分子　　9
2.2　熱力学入門　　15
2.3　分子間相互作用と複合体形成　　22
　確認問題　　26

第3章　粉　体 ……………………………………………………………… *29*

3.1　粒子径　　29
3.2　粉体の物性　　36
　確認問題　　40

第4章　固体と結晶 ………………………………………………………… *43*

4.1　結　晶　　43
4.2　固体の熱分析　　49
　確認問題　　52

第 5 章 相平衡と相律 …… 55

- **5.1** 気体の性質　55
- **5.2** 相変化　58
- **5.3** 相　律　65
- **5.4** 相　図　67
- 確認問題　79

第 6 章 溶解現象 …… 81

- **6.1** 溶解平衡　81
- **6.2** 溶解速度　86
- 確認問題　90

第 7 章 水溶液 …… 93

- **7.1** 水溶液の熱力学と束一的性質　93
- **7.2** 電解質水溶液と電気化学　99
- 確認問題　105

第 8 章 界面活性剤 …… 107

- 確認問題　114

第 9 章 分散系の物理化学 …… 117

- **9.1** 分散系とは　117
- **9.2** 分散相の粒子径による分散系の分類　118
- **9.3** コロイド分散系　119
- **9.4** 粗大分散系　125
- 確認問題　132

目　次　ix

第10章　レオロジー ……………………………………………… *135*

  10.1　変　形　　135
  10.2　流　動　　137
  10.3　粘弾性　　143
  10.4　レオロジー的性質の測定　　146
  10.5　粘度の表示法　　147
    確認問題　　149

第11章　拡散・膜透過 ……………………………………………… *153*

  11.1　拡　散　　153
    確認問題　　155
  11.2　分配法則　　156
    確認問題　　160
  11.3　膜透過とDDS　　161
    確認問題　　163
  11.4　溶解速度　　164
    確認問題　　166

第12章　反応速度 ……………………………………………… *169*

  12.1　反応次数と速度定数　　169
  12.2　0次，1次，2次反応　　171
  12.3　複合反応　　176
  12.4　反応速度の温度依存性　　179
  12.5　触媒反応　　181
    確認問題　　183

第13章　高分子 ……………………………………………… *185*

13.1 高分子の溶液とゲル　185
13.2 高分子のコロイド粒子への吸着　189
13.3 高分子を用いたドラッグキャリア　190
13.4 高分子の医薬品添加剤としての利用　192
　確認問題　198

第14章　生物物理化学 …………………………………………………… *199*

14.1 生体膜　199
　確認問題　201
14.2 膜透過　202
　確認問題　205
14.3 酵素反応と阻害剤　206
　確認問題　209
14.4 生体高分子　210
　確認問題　213

第15章　放射化学 ……………………………………………………………… *215*

　確認問題　220

索　引 …………………………………………………………………………………… *223*

# 1 SI単位と日本薬局方一般試験法

1.1 ◆ SI単位

到達目標 SI基本単位とSI組立単位を理解し，適用できる．

　国際単位系として7種のSI基本単位があり，それは時間 s（秒），長さ m（メートル），質量 kg（キログラム），電流 A（アンペア），温度 K（ケルビン），物質量 mol（モル），光度 cd（カンデラ）である．これら基本単位の組合せでSI組立単位が構築される．組立単位には固有の名称を与えたものもある．例えば，力の単位ニュートン（N = m kg s^{-2}），圧力の単位パスカル（Pa = N m^{-2}），エネルギーの単位ジュール（J = N m）などである．電気容量の単位ファラド（F），電位の単位ボルト（V），電気量の単位クーロン（C）なども固有の名称をもつ単位である．

　SIにはSI接頭語を使った表記も用いられる．例えば，センチ（c = 10^{-2}），ピコ（p = 10^{-12}）を使うと，10^{-2} m = 1 cm，10^{-12} mol = 1 pmol となる．また，キロ（k = 10^3），メガ（M = 10^6）を使うと，10^3 m = 1 km，10^6 Hz = 1 MHz となる．SI接頭語デシ（d）は 10^{-1} を表すので，1 dm = 0.1 m である．また，ナノ（n）は 10^{-9} を表すので，1 nm = 10^{-9} m である．

問題 1.1 次の単位の中で，SI単位ではないものはどれか．
 1　メートル（m）
 2　デシメートル（dm）
 3　センチメートル（cm）
 4　ミリミクロン（mμ）
 5　ナノメートル（nm）

解説 ミリミクロンはSI単位ではない．これに相当するSI単位は μm

($= 10^{-6}$ m) である.

正解 4

問題 1.2 SI 接頭語を用いた単位として，正しく表されているものはどれか．
1　cm $= 10^{-1}$ m
2　μm $= 10^{-3}$ m
3　nm $= 10^{-6}$ m
4　hPa（ヘクトパスカル）$= 10^3$ Pa
5　GBq（ギガベクレル）$= 10^9$ Bq

解説
1　センチ (c) $= 10^{-2}$
2　マイクロ (μ) $= 10^{-6}$
3　ナノ (n) $= 10^{-9}$
4　ヘクト (h) $= 10^2$
5　正しい．ギガ (G) $= 10^9$．なお，Bq（ベクレル）は放射能の単位であり，1 Bq は 1 秒当たりの壊変数である．

正解 5

問題 1.3 国際単位系（SI）に関する記述のうち，正しいものはどれか．
1　力の SI 単位はキログラム kg であり，時間の SI 単位は時間 hr である．
2　エネルギー，仕事，熱量の SI 組立単位は，カロリー cal (N m^{-1}) である．
3　電気量，荷電量の SI 組立単位はアンペア A であり，電圧，電位の SI 誘導単位はボルト V である．
4　圧力の SI 組立単位はパスカル Pa (N m^{-2}) であり，1 バール bar は 10^6 Pa である．
5　国際単位系 SI は，基本単位と組立単位で構成される．

解説 1 力の SI 組立単位はニュートン N（= m kg s^{-2}）であり，時間の SI 単位は秒 s である．
2 エネルギー，仕事，熱量の SI 組立単位はジュール J（= N m）である．
3 電気量，荷電量の SI 組立単位はクーロン C（= A s）である．なお，F，V，C，J の単位間には，C = F V = J/V の関係がある．
4 1 bar = 10^5 Pa である．なお，bar は SI には含まれない．
5 正しい．

（正解）　5

問題 1.4 SI 組立単位を用いると，J = N m，N = m kg s^{-2}，Pa = N m^{-2} と表される．以下の SI 単位の換算に関して，正しいものはどれか．
1　Pa = m kg s^{-2}
2　J = kg s^{-2}
3　J = m^3 kg s^{-2}
4　J = Pa m^3
5　J = Pa m^{-2}

解説 1　Pa = m^{-1} kg s^{-2}
2　J = m^2 kg s^{-2}
3　J = m^2 kg s^{-2}
4　正しい．理想気体の状態方程式 $pV = nRT$ の両辺がともにエネルギーの単位になっている理由を理解しよう．
5　J = Pa m^3．なお，Pa m^3 のように複数個の単位から構成される新しい単位の表記に際しては，Pa と m^3 の間に Pa m^3 のようにわずかのスペースを入れるか，あるいは Pa・m^3 のように小さな黒点を入れることになっている．

（正解）　4

1.2 ◆ 物理化学関連の日本薬局方（JP）一般試験法

到達目標　物理化学関連の JP 一般試験法の原理を理解し，適用できる．

　日局一般試験法には，各種測定法，試験法の他に，標準品，試薬など約 70 項目にわたる記述がある．JP 試験法に適合する医薬品が医療・診療に供される．（一般試験法全域にわたると紙数を要するので，ここでは応用範囲が広い屈折率に関連する問題のみを取り上げる．）

問題 1.5　図は，光が等方性の媒質 A から媒質 B に入るとき，その境界面で進行方向が変わる現象を模式的に示したものである．これに関する記述のうち，正しいものはどれか．

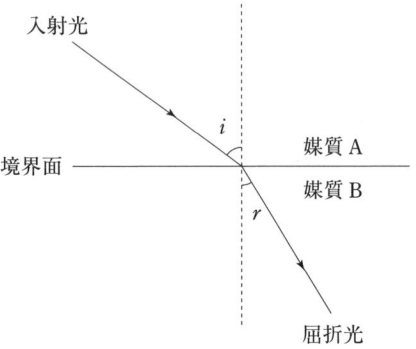

1　媒質 B の媒質 A に対する屈折率（相対屈折率）n は，入射角 i によって変化する．
2　媒質 B の媒質 A に対する屈折率（相対屈折率）n は，入射光の波長によらず一定である．
3　媒質 B の媒質 A に対する屈折率（相対屈折率）n は，$n = (\sin r)/(\sin i)$ で表される．
4　屈折率は，一定温度，一定圧力，一定波長の入射光の下では，物質に固有の値をとる．

> 5 日本薬局方一般試験法の屈折率測定法では，通例，温度20℃で，光源として水銀ランプを用いる．

解説 1 屈折率 n は入射角 i と屈折角 r との関係が $n = (\sin i)/(\sin r)$ で表され，入射角によらず一定の値となる．
2 n は入射光の波長に影響されるので，日本薬局方一般試験法ではナトリウムスペクトルのD線を使って測定することが規定されている．
3 選択肢1の解説を参照．
4 正しい．
5 温度20℃，光源はナトリウムスペクトルのD線を用いる．

正解 4

◆ 確認問題 ◆

次の文の正誤を判別し，○×で答えよ．

□□□ **1** 1リットルは dm^{-3} である．

□□□ **2** ボルト，クーロン，ニュートン，メートルの間には，VC＝Nmの関係が成り立つ．

□□□ **3** ボルト，クーロン，ジュールの間には，V＝J/Cが成り立つ．

□□□ **4** 気体定数 R とボルツマン定数 k_B およびアボガドロ定数 N_A とは $R = k_B \times N_A$ の関係にある．

□□□ **5** ファラデー定数 F，電気素量 e，アボガドロ数 N_A の間には，$F = e \times N_A$ の関係が成り立つ．

□□□ **6** エネルギーのcgs単位はエルグ（erg）であり，$1\ erg = 10^{-7}\ J$ の関係にある．

□□□ **7** 力のcgs単位はダイン（dyn）であり，$1\ dyn = 10^{-5}\ N$ の関係にある．

□□□ **8** 表面張力の単位については，mN/m＝dyn/cmの関係にある．

□□□ **9** 固有の名称を有するcgs単位ポアズ（P）は，$1\ P = 1\ dyn\ s\ cm^{-2} = 0.1\ Pa\ s$ の関係にある．

□□□ **10** 固有の名称を有するcgs単位ストークス（St）は，$1\ St = 1\ cm^2\ s^{-1} = $

6 1. SI 単位と日本薬局方一般試験法

10^{-4} m^2 s^{-1} の関係にある．

□□□ 11 1 atm = 101.3 kPa = 101.3 × 10^3 N m^{-2} である．

□□□ 12 振動数の SI 単位はヘルツ（Hz），照度の SI 単位はルクス（lx）である．

□□□ 13 仕事率の SI 単位はワット（W）であり，W = J s^{-1} = m^2 kg s^{-3} の関係にある．

□□□ 14 光の進行速度は媒質の屈折率によらず一定である．

□□□ 15 光が屈折率の大きい媒質から小さい媒質に入るとき，入射角が臨界角より大きいと界面で全反射される．

□□□ 16 試料の絶対屈折率は，その試料の空気に対する屈折率と空気の真空に対する屈折率の和である．

正　解

1（×）　1 リットルは dm^3 である．

2（○）　V C = J = N m である．

3（○）

4（○）

5（○）

6（○）　SI は 7 つの SI 基本単位から構成されているので，cgs 単位系は SI の枠外にある．ただし，これらは相互に換算が可能である．したがって，erg の単位は SI には含まれていないが，1 erg = 10^{-7} J の関係は正しい．確認問題 6-10 は cgs 単位系に関する問題である．現在 SI を用いる努力がなされているが，過渡期であるので SI と cgs 単位系の相互関係も理解できるようにしておこう．

7（○）

8（○）

9（○）　cm^{-2} を m^{-2}，dyn を N になおすと SI 単位（mks 単位）が導かれるので，各自誘導してみること．

10（○）　1 cm = 10^{-2} m であるから，二乗すれば 1 cm^2 = 10^{-4} m^2 となる．

11（○）

12（○）

13（○）

14（×）　屈折率 N の媒質中での光の速度 c は，真空中の光の速度 c_0 を用いて，$c =$

c_0/N と表される．下記の確認問題 16 に対する説明文も参照のこと．

15（◯）　なお，全反射を利用したものが光ファイバーによる内視鏡（ファイバースコープ）である．

16（×）　試料の真空に対する屈折率が絶対屈折率（N）であり，$N =$（空気中の光の進行速度/試料中の光の進行速度）×（真空中の光の進行速度/空気中の光の進行速度）と表される．したがって，和ではなく積である．

 物理化学の基礎

2.1 ◆ 原子と分子

到達目標 原子の構造，分子の構造について量子力学および量子化学の観点から説明できる．（原子，分子の個々の特性を微視的な立場から説明できる．）

1) 原子の構造

原子構造：負電荷をもつ電子が正電荷をもつ原子核の周りにある原子軌道上を周回している．原子核は陽子と中性子とから成り立っている．陽子（正電荷）の数は周辺の電子（負電荷）の数と等しく，原子全体としては電気的に中性である．中性子は電荷をもたない．陽子と中性子はほぼ同じ質量をもっている．

ボーアの原子モデル：量子力学によると粒子は波動性をもっており，電子の回転運動の各運動量は量子化され，ある特定の値の整数倍しかとれない．このときの整数値 n を量子数と呼ぶ．

ハイゼンベルグの不確定性原理：電子の粒子性と波動性の二重性から導かれる概念で，

$$\Delta x \cdot \Delta p_x \geq \frac{h}{4\pi}$$

と表現される．x は電子の位置，p_x はその方向の電子の運動量，h はプランク定数を表す．Δx は電子の位置の不確定性を，Δp_x は電子の運動量の不確定性を示している．原子の姿は，原子核の周りを電子が雲か霧のように，ある存在確率で取り巻いているとみなされている．

上式は，電子の位置 x と運動量 p_x の値を同時に厳密に確定することはできず，必ず Δx と Δp_x の値だけ不確定性がつきまとうこと，これら Δx と Δp_x の積は $h/4\pi$ 以上になること，したがって，Δx を小にすれば Δp_x は大となり，逆に Δp_x を小にすれば Δx が大となること，などを表している．

2. 物理化学の基礎

表2.1　波動関数における4つの量子数

量子数	記号	取り得る値
主量子数	n	1, 2, 3…（整数）
方位量子数	l	$0 \leq l \leq n$（整数）
磁気量子数	m	$-l \leq m \leq l$（整数）
スピン量子数	s	$\pm 1/2$

パウリの排他原理：同一の原子の中では，同じ量子数の組合せをもつ電子は存在できない．

表2.2　ボーアモデルのK殻，L殻，M殻と波動関数による電子軌道の対応

主量子数 n	方位量子数 l	磁気量子数 m	電子軌道	ボーアモデル
1	0	0	1s	K殻
2	0	0	2s	L殻
	1	-1	2p	
		0		
		1		
3	0	0	3s	M殻
	1	-1	3p	
		0		
		1		
	2	-2	3d	
		-1		
		0		
		1		
		2		

フント則：多原子分子の電子配置において，同じエネルギー準位の電子軌道に電子が配置するときは，できるだけスピンを平行にして異なる軌道を占める．

電子配置：パウリの排他原理とフント則に基づいて決定される電子の配置．

イオン化エネルギー：原子から1個の電子を奪い去り，その原子をイオン化するのに必要なエネルギー．原子による電子の拘束の度合を示す．

電子親和力：原子の空軌道に外部から自由電子がはまり込んだときに放出するエネ

ルギー．その原子が陰イオンになり安定化するときに放出するエネルギー．

電気陰性度：イオン化エネルギーと電子親和力の和にほぼ比例する．電子親和力は外から電子を受け入れる傾向を示し，イオン化エネルギーは外へ電子を放出させまいとする傾向を示すので，その和は原子が電子を引き寄せる能力の尺度となる．周期表の第2周期の元素においては，F＞O＞Nとなり，第17族の元素においては，F＞Cl＞Br＞Iとなる．

2) 分子の成り立ちと性質

分子軌道：2つの原子軌道から新しい分子軌道として，結合性軌道と反結合性軌道の2つができる．前者は結合に寄与するが後者は結合を阻害する．結合性軌道においては，図2.1に示すように，原子間距離がr_0のときにその結合は最も安定となる．反結合性軌道においてはエネルギーは正であり，原子間の反発と結合の阻害を表している．

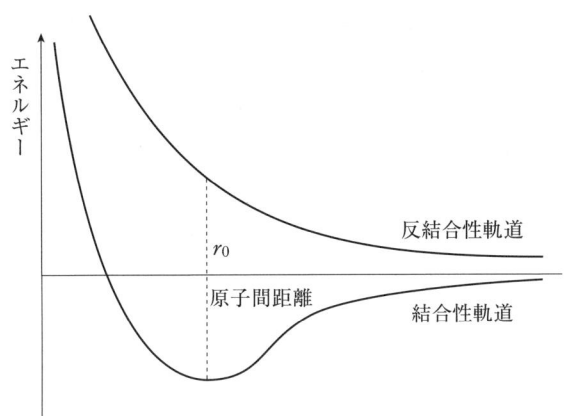

図2.1　2つの分子軌道のエネルギーと核間距離

軌道相関：原子軌道（s, pなど）によりさまざまなエネルギー準位をもつ新たな分子軌道（σ, πなど）が形成される．

12　2. 物理化学の基礎

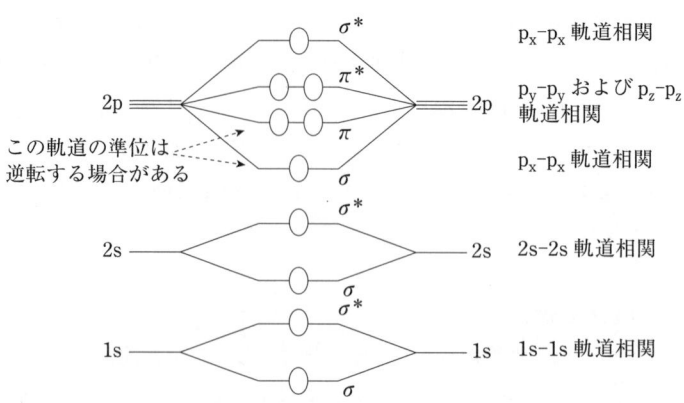

図 2.2　軌道相関による分子軌道の形成例

化学結合：以下のように分類される．

　共有結合：原子のそれぞれの電子雲が重なり合い，新しい電子軌道が形成されてできる結合．

　イオン結合：陽イオンと陰イオンとがクーロン力によって結合．

　金属結合：金属結晶においてみられる．価電子の一部が自由電子として結晶内を自由に運動し，この電子が金属の原子核間をつなぎ合わせてできる結合．

　配位結合：非共有電子対（孤立電子対）と別の原子の空軌道で形成される結合．錯塩や金属タンパク質の活性中心でみられる．

　原子軌道：原子にはs軌道，p軌道，d軌道などエネルギー状態に応じたさまざまな軌道がある（表2.3参照）．

表 2.3　原子軌道の組合せと軌道相関

原子軌道の組合せ	軌道相関の型	軌道相関による結合
1s軌道と1s軌道	σ型相関	σ結合を形成
2s軌道と2s軌道	σ型相関	σ結合を形成
2p軌道 p_x と p_x	σ型相関	σ結合を形成
2p軌道 p_y と p_y	π型相関	π結合を形成
2p軌道 p_z と p_z	π型相関	π結合を形成

　混成軌道：エネルギー準位の異なる複数の軌道が混成されて新たに混成軌道が形成

される．例えば，s 軌道と 3 つの p 軌道（p_x, p_y, p_z）から sp³ 混成軌道が形成される．

共役：次に示すように，2 つの二重結合が 1 つの単結合で結ばれた構造では，電荷が分散し非局在化して構造が安定化する（注意：共役酸，共役塩基の共役とは意味が異なる）．

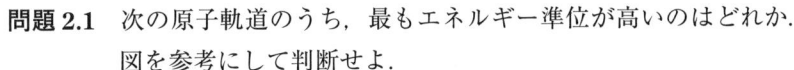

共鳴：結合や電荷が π 結合を介して分散すること．共役と同様に構造が安定化する．

問題2.1 次の原子軌道のうち，最もエネルギー準位が高いのはどれか．図を参考にして判断せよ．

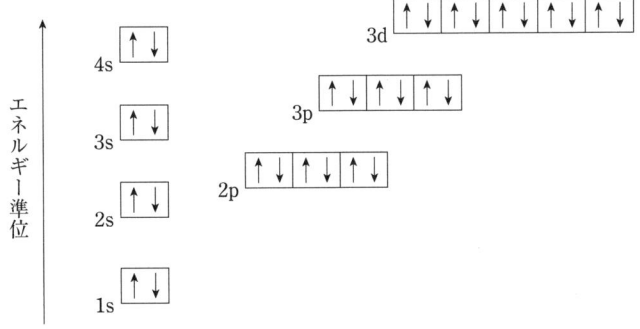

原子軌道のエネルギー準位

1　2p
2　3s
3　3p
4　3d
5　4s

解説　4　正しい．図より原子軌道のエネルギー準位は，1s＜2s＜2p＜3s＜3p＜4s＜3d となっており，3d が最もエネルギー準位が高い．

正解　4

問題 2.2 化合物 BA において，原子 A の非共有電子対（孤立電子対）と原子 B の空軌道で形成される結合はどれか．
1 共有結合
2 イオン結合
3 金属結合
4 配位結合
5 水素結合

解説 4 正しい．配位結合の定義．特に，共有結合やイオン結合との違いを明確にしておこう．

正解 4

問題 2.3 電子親和力に関する記述のうち，正しいものはどれか．
1 原子から1個の電子を奪い去りイオン化するのに必要なエネルギーで，原子による電子の拘束の強さを示す．
2 空軌道に外部から自由電子がはまり込んだときに放出するエネルギー
3 原子が電子を引き寄せる能力の尺度

解説 1 イオン化エネルギーの説明．
2 正しい．
3 電気陰性度の説明．

正解 2

2.2 ◆ 熱力学入門

到達目標 熱力学の基本法則を説明でき，これに基づいてエネルギーについて説明できる．（原子，分子の集合体の特性を巨視的な立場から説明できる.）

1) 熱力学の 4 法則

第 0 法則：熱平衡の定義．A と B とが熱平衡にあり，B と C とが熱平衡にあれば，A と C は必ず熱平衡にある．

第 1 法則：エネルギー保存の法則．

第 2 法則：エントロピー増大の法則．

第 3 法則：エントロピーゼロの定義．絶対温度（熱力学温度）ゼロで，すべての完全結晶のエントロピーはゼロになる．

2) 熱力学に必要な概念

系：考察の対象となる物質の集団．

表 2.4 熱力学における系の種類

		物質の出入	エネルギーの出入	例
孤立系		×	×	魔法瓶
孤立していない系	閉じた系	×	○	栓付フラスコ
	開いた系	○	○	栓無フラスコ

エネルギー：系が潜在的にもっており，外部に対して行うことができる仕事の量．

仕事：力学系に力 F が作用し作用点が距離 dr だけ変位するとき，スカラー積 (Fdr) を，その力が力学系になした仕事という．

熱：温度が異なる 2 つの物体が接触するとき，高い温度の物体から低い温度の物体へ移動するエネルギーを熱という．すなわち，熱はエネルギーの 1 つの形態であり，温度のことではない．

熱容量：物質の温度を 1℃ だけ上昇させるのに必要な熱量．単位は $J \cdot K^{-1}$．

比熱：熱容量を物質 1 g に換算した値．一定の圧力下での熱容量は定圧熱容量，一

定の体積下での熱容量は定容熱容量．単位は$J \cdot g^{-1} \cdot K^{-1}$．

エンタルピー (H)：定圧条件下（例えば1気圧に保った状態）で系に出入りする熱量．融解，酸化（燃焼）のような物理的変化や化学的変化に伴って出入りする熱量をエンタルピー変化ΔHとして扱う．ΔHが正（＞0）のときは吸熱反応を，負（＜0）のときは発熱反応を表す．例えば，次式では$\Delta H < 0$となるので発熱反応である．

$$C（黒鉛）+ 2H_2（気体）\longrightarrow CH_4（気体） \quad \Delta H = -74.8 \, kJ$$

ヘスの法則：総熱量不変の法則であり，熱力学第一法則の変形とも考えられる．

標準状態：「25℃，10^5 Paにおいて物質のとる最も安定な状態」と定める．

標準生成エンタルピー：標準状態の元素から1モルの物質が標準状態で生成するときのエンタルピー変化．

エントロピー (S)：系の乱雑さを示す．系に与えられた熱とともに分子の乱雑さは増加する．

内部エネルギー：系に存在するエネルギーで，分子の運動エネルギー，位置エネルギー，結合エネルギー，電子エネルギー，核エネルギーなどすべてを含める．

平衡状態：可逆反応において，正反応速度と逆反応速度がつり合って外見上反応が停止しているようにみえる状態．

自由エネルギー：エンタルピー変化とエントロピー変化の両方を考慮した熱力学関数．変化または反応が自発的に進行する方向を決定する．平衡状態においては，自由エネルギーの変化量は0となる．温度に依存する．

ギブズの自由エネルギー：$G = H - T \cdot S$で表され，定温定圧下での自由エネルギー．

ヘルムホルツの自由エネルギー：$A = U - T \cdot S$で表され，定温定容積下での自由エネルギー．Uは内部エネルギー．

ルシャトリエの原理：ある条件下で平衡状態にある系の条件（温度，濃度，圧力など）を変化させると，系はその影響を減らす方向へ変化して新しい平衡状態に達する．

ファントホッフの式：温度変化に関するルシャトリエの原理に熱力学的説明を与える式．これにより反応の平衡定数Kの温度依存性が説明できる．

$$\frac{d \ln K}{dT} = \frac{\Delta H}{RT^2}$$

ただし，Rは気体定数を表している．

化学ポテンシャル：記号μで表す．単位はJ/molである．系のi番目の成分の物質量（モル数）が外界からの出入りまたは化学反応などによってdn_iだけ増加するとき，それに伴って系の自由エネルギーもdGだけ変化するとする．ここでは，圧力p，温度

T, i 番目以外の成分の物質量 n_j は一定である．このとき成分 i についての化学ポテンシャル μ は次式で定義される．

$$\mu = (\partial G/\partial n_i)_{p,T,n_j(j \neq i)}$$

一方，系の体積 V, T, および n_j が一定のときには次式で μ が表される．

$$\mu = (\partial A/\partial n_i)_{V,T,n_j(j \neq i)}$$

ここでは，G はギブズの自由エネルギー，A はヘルムホルツの自由エネルギー，n_i は成分 i の物質量（モル数）を表している．

ギブズの自由エネルギーと平衡定数：$\Delta G = \Delta G° + RT \ln K$

$G°$ は標準状態のギブズの自由エネルギー，K は平衡定数を表している．

平衡時には，ギブズの自由エネルギー変化量 $\Delta G = 0$ なので，

$$\Delta G° = -RT \ln K$$

示量変数：容量因子ともいう．状態を表す変数のうち，その値が物質の量または広がりに比例するもの．例として質量が挙げられる．例えば，20 g の物質と 30 g の物質を合わせると物質の総質量は 20 g + 30 g = 50 g となり，加成性が成り立つ．このほかにも体積やエネルギーなどがある．

示強変数：強度因子ともいう．上の示量変数と異なり，物質の量または広がりに依存しないもの．例えば，20 ℃の水 1 リットルと 20 ℃の水 1 リットルを合わせると体積は示量変数なので 1 リットル + 1 リットル = 2 リットルとなるが，温度は示強変数なので 20 ℃のままである．そのほかに，圧力，密度，化学ポテンシャル，電場などがある．

相律：いくつかの相が互いに平衡状態にあるとき，各物質の化学ポテンシャルはそれぞれの相で互いに等しくならねばならない．その結果，構成される相の数を p, 独立な成分の数を c とすると

$$f = c - p + 2$$

が成立する．ここで，f はその系の自由度である．

状態関数：系の状態が定まると一義的に定まる物理量．状態量ともいう．次の経路関数と異なり，経路が変わっても同じ値になる．鉄道切符の金額のように出発地と到着地だけで決定される．

経路関数：系の状態が定まってもその系の変化の道筋（経路）によって値が異なる物理量．仕事量，熱量など．タクシー料金のように，同じ出発地と到着地であっても，走る道路によって料金が異なるような関数．

気体分子の速度：異なる分子でも一定温度においてはそのエネルギーは等しいので，

軽い分子の方が重い分子よりも大きな速度をもっている．

振動，回転，並進エネルギー準位：振動エネルギー準位の間隔が最も大きく熱エネルギーを受け入れることができないので，熱による励起は起こらない．

回転エネルギー準位の間隔は振動エネルギー準位より小さく，並進エネルギー準位より大きいので，部分的に熱エネルギーを受け入れることができる．

並進（平行移動）エネルギー準位はその間隔が非常に狭い．少しの熱エネルギーでも受け入れることができるので，熱を並進エネルギーに変えることができる．

問題 2.4 次のうちで，熱力学第2法則に関する記述はどれか．
1　熱平衡の定義
2　エネルギー保存の法則
3　エントロピー増大の法則
4　エントロピーゼロの定義

解説　1　熱力学第0法則の記述．
2　熱力学第1法則の記述．
3　正しい．
4　熱力学第3法則の記述．

正解　3

問題 2.5 次のうち，孤立系はどれか．
1　栓の付いたフラスコ
2　栓のないフラスコ
3　保温ポット（あるいは魔法瓶）
4　バクテリア
5　卵

解説　1　孤立していない閉じた系．
2　孤立していない開いた系．
3　正しい．

4　孤立していない開いた系.
　　5　孤立していない開いた系（空気の出入りや熱の出入りあり）.

〔正解〕3

問題 2.6　次の記述のうち，正しいものはどれか.
　1　自由エネルギーはエントロピーとエンタルピーとの関数であり温度に依存しない.
　2　水が沸騰するとき，気体状態の水 1 モルのエントロピーは液体状態の水 1 モルのエントロピーよりも大である.
　3　液体の水が氷になるとき，エンタルピーは増大する.
　4　自発的な反応は必ず系のエントロピーが減少する方向に進む.
　5　完全結晶性物質のエントロピーは，0℃のときにゼロになる.

解説　1　エントロピー項に温度を乗じるため温度に依存する.
　2　正しい.
　3　凝固熱を放出するのでエンタルピーが減少する.
　4　エントロピーとエンタルピーの両者で自由エネルギーが決まるので，エントロピーの変化量だけでは結論できない.
　5　摂氏ゼロ度（0℃）ではなく，絶対温度（熱力学温度ともいう）ゼロ（0 K）のときにエントロピーがゼロとなる.

〔正解〕2

問題 2.7　次のうち，示強変数であるものはどれか.
　1　エンタルピー
　2　温度
　3　エネルギー
　4　仕事
　5　質量

解説　1　示量変数.

2　正しい．
3　示量変数．
4　示量変数．
5　示量変数．

正解　2

問題 2.8　自由エネルギーに関して，正しいものはどれか．
1　定温・定圧の条件下での自由エネルギーをギブズの自由エネルギーという．
2　平衡状態では，自由エネルギーがゼロになる．
3　自由エネルギーは，内部エネルギーと束縛エネルギーを合わせたものである．
4　自由エネルギーは，仕事として用いることができない．
5　自由エネルギーの値の正負だけでは，反応の進行方向は決まらない．

解説
1　正しい．なお，定温・定積の条件下の自由エネルギーはヘルムホルツの自由エネルギー．
2　平衡状態では自由エネルギーが極小になるがゼロになるとは限らない．
3　内部エネルギーが自由エネルギーと束縛エネルギーから構成される．
4　仕事として用いることができる．
5　自由エネルギーの変化量 ΔG の正負により，反応の進行方向が決定される．

正解　1

問題 2.9　化学ポテンシャルに関して，正しいものはどれか．
1　定温・定圧の条件下における純物質の化学ポテンシャルは1モル当たりのギブズ自由エネルギーに相当する．

2. 熱力学入門

2　過冷却状態にある水の化学ポテンシャルと同温度における氷の化学ポテンシャルとを比べると，前者のほうが低い．
3　純物質の化学ポテンシャルは温度に依存しない．
4　融点では，固体（固相）の化学ポテンシャルよりも液体（液相）の化学ポテンシャルのほうが高い．
5　沸点では，液体（液相）の化学ポテンシャルよりも気体（気相）の化学ポテンシャルのほうが高い．

解説
1　正しい．
2　過冷却液体の化学ポテンシャルは同温度の固体の化学ポテンシャルより高い．
3　温度に依存する．
4　融点においては固液平衡状態にあり，液体の化学ポテンシャルと固体の化学ポテンシャルは等しい．
5　沸点においては気液平衡状態にあり，気体の化学ポテンシャルと液体の化学ポテンシャルは等しい．

正解　1

問題 2.10　エントロピーに関して，正しいものはどれか．
1　単位はJである．
2　定温下で加圧すると気体のエントロピーは増大する．
3　定圧下で温度を下げると気体のエントロピーは減少する．
4　経路に依存する物理量である．
5　閉じた系では減少しない．

解説
1　単位はJ/K．
2　体積が小さくなりエントロピーは減少する．
3　正しい．体積が小さくなるのでエントロピーは減少する．
4　経路に依存しない状態関数である．
5　閉じた系では吸熱過程などでエントロピーが減少する．孤立系

では減少は起こらない(熱力学第2法則).

[正解] 3

2.3 ◆ 分子間相互作用と複合体形成

到達目標 分子間複合体の形成を各種の分子間相互作用に基づいて説明できる.

静電相互作用:静電場における電荷間の相互作用.その力をクーロン力といい,比較的遠距離まで影響を与える.

ファン・デル・ワールス力:分子間のみならず原子間やコロイド粒子間にも作用する普遍的な力.分子全体としては電気的に中性な分子間でも,電子の分布のかたよりによって生じる.この力は,配向効果,誘起効果,分散力の3つの基本的な成分からなっている.

双極子間相互作用:電気陰性度に基づき分極した分子間で静電的な相互作用により作用する引力.その種類に永久双極子間の相互作用,イオン-双極子相互作用,双極子-誘起双極子相互作用などがある.

分散力:無極性分子内に発生する瞬間的な誘起双極子間に働く分子間会合力.静電反発力とこの分散力の両方により,2粒子間の安定な距離が決定される.

表2.5 基本的な分子間相互作用のまとめ

相互作用	強さ	働く距離
共有結合	非常に強い	共有結合距離
イオン結合	非常に強い	$1/r$, 長距離
イオン-双極子	強い	$1/r^2$, 近距離
双極子-双極子	比較的強い	$1/r^3$, 近距離
双極子-誘起双極子	比較的弱い	$1/r^6$, 極近距離
分散力	非常に弱い	$1/r^6$, 極近距離
反発力(レナード-ジョーンズの反発項)	非常に強い	$1/r^{12}$, 極近距離

水素結合:極性をもつ分子の双極子間で働く相互作用のうち,水素原子がその結合を仲介する場合を特に水素結合という.その結合は弱いが,タンパク質や核酸の立体構

造の維持や薬理活性の発現などに非常に重要．図 2.3 に種々の水素結合の例を示した．

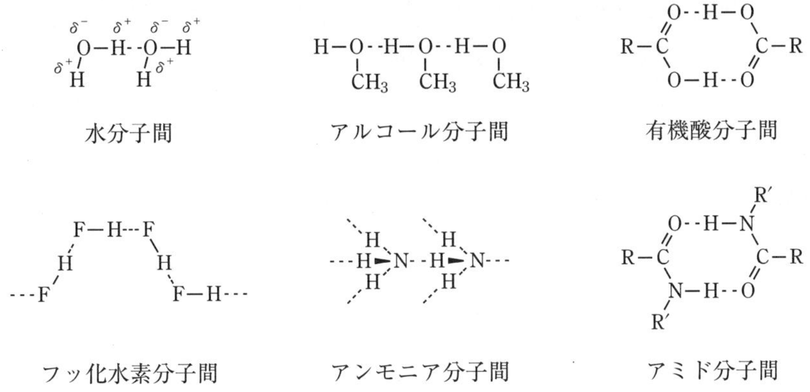

図 2.3　種々の水素結合

水分子間／アルコール分子間／有機酸分子間／フッ化水素分子間／アンモニア分子間／アミド分子間

疎水性相互作用：疎水性分子が水中に置かれると，その周囲に構造化した水分子がかご状に取り巻き，系全体のエントロピーが減少する．疎水性分子同士が凝集し集合体を形成するとそのかご状構造の一部が壊れてエントロピーは増大し，系全体の自由エネルギーが低下する．このような疎水性分子同士の凝集の相互作用を疎水性相互作用という．タンパク質の立体構造や細胞膜の構造維持に必須である．

電荷移動錯体：電子供与体と電子受容体の間で起こる相互作用により形成される錯体を電荷移動錯体という．脂肪族アミンとヨウ素，リボフラビンとカフェイン，ヒドロキノンとベンゾキノンなどの複合体形成は製剤上重要である．

包接化合物：トンネル状または網目状の立体構造（空間）をもつホスト分子に適切な大きさのゲスト分子が入り込むことがある．これを包接化合物という．ヨウ素・デンプン複合体，尿素アダクト，シクロデキストリンなどの例があり，薬学的に重要である．

問題 2.11　次の希ガスの中で，最も沸点の低いものはどれか．

1　He
2　Ne
3　Ar
4　Kr
5　Xe

解説 原子番号の小さいほうがファン・デル・ワールス力も小さいので，沸点は低くなる．He：-270 ℃，Ne：-246 ℃，Ar：-186 ℃，Kr：-153 ℃，Xe：-108 ℃．

正解　1

問題 2.12 次の相互作用の中で，最も遠方まで作用するものはどれか．
1　共有結合
2　イオン結合
3　イオン-双極子間相互作用
4　双極子-双極子間相互作用
5　分散力

解説
1　共有結合距離で働く．
2　正しい．相互作用の大きさは距離に反比例するので，長い距離まで作用する．
3　相互作用の大きさは距離の二乗に反比例するので，イオン結合の場合ほど遠い距離までは作用しない．
4　相互作用の大きさは距離の三乗に反比例するので，それほど長い距離まで作用しない．
5　相互作用の大きさは距離の六乗に反比例するので，近距離にしか作用しない．表2.5 を参照のこと．

正解　2

問題 2.13 疎水性相互作用に関する記述で，正しいものはどれか．
1　疎水性相互作用は疎水性分子同士の引力によって生じる．
2　疎水性アミノ酸には，アラニン，ロイシン，バリン，セリンなどがある．
3　水溶性球状タンパク質の立体構造形成には，疎水性相互作用が不可欠である．
4　膜タンパク質の構造形成には，疎水性相互作用は無関係である．

2.3　分子間相互作用と複合体形成　25

5　界面活性剤水溶液中におけるミセル形成に対して疎水性相互作用は全く関与していない．

解説
1　水溶液中に疎水性官能基があると，周辺の水の一部がかご状の構造をつくるためエントロピーが低下する．しかし，疎水性分子間に会合が生じると，そのエントロピーの低下が防げる．そのため，疎水基をもつ分子やイオンは水中で会合（凝集）する傾向にある．水中でこれら分子間に直接の引力や結合が生じているわけではない．
2　セリンは，親水性アミノ酸である．
3　正しい．
4　疎水性相互作用が不可欠である．
5　ミセル形成には疎水性相互作用は関与している．

正解　3

問題 2.14　水素結合について，正しいものはどれか．
1　水素結合はタンパク質の立体構造形成に重要であるが，DNAの二重らせん構造形成には無関係である．
2　水素結合は非常に強く，いったん形成されると生理学的条件下では切断されることはない．
3　H_2S に比べ H_2O の沸点のほうが高いのは，後者のほうが分子間水素結合が強いためである．
4　O–H⋯O の水素結合距離（O と O の距離）は，5 Å を超える．
5　水素結合はタンパク質の二次構造である α ヘリックスの形成に重要であるが，β シートの形成には無関係である．

解説
1　DNA の塩基対形成の主たる要因である．
2　水素結合は非常に弱く，生理学的条件下でしばしば切断される．
3　正しい．S は第 3 周期第 16 族の元素，O は第 2 周期第 16 族の元素．このことのみを意識すれば，H_2S のほうが H_2O より沸点

が高くなるはずであるが，その逆となるのは水分子間に作用している水素結合のため．

4 約 2.8 Å．

5 αヘリックスもβシートも水素結合がその構造形成に重要である．

正解　3

◆ 確認問題 ◆

次の文の正誤を判別し，○×で答えよ．

□□□ 1　フント則によると，同一の原子の中で同じ量子数の組合せをもつ電子は2つ以上存在できない．

□□□ 2　メタン分子は4つの等価なsp^2混成軌道をもっている．

□□□ 3　電気陰性度は，ヨウ素よりもフッ素のほうが大きい．

□□□ 4　分子軌道のうち，反結合性軌道に電子が配置されることはない．

□□□ 5　共役と共鳴は同じである．

□□□ 6　ヘスの法則は，エネルギー保存法則に基づいている．

□□□ 7　標準状態とは，1気圧，20℃の状態である．

□□□ 8　内部エネルギーには分子の運動エネルギーは含まれない．

□□□ 9　ファン・デル・ワールス力は電荷をもたない分子同士には作用しない．

□□□ 10　双極子間相互作用は永久双極子間にのみ作用する．

□□□ 11　分散力は引力である．

□□□ 12　疎水性結合は気相中でも生じる．

□□□ 13　包接化合物の例として，ヨウ素・デンプン複合体，尿素アダクト，シクロデキストリンによる包接化合物などがある．

□□□ 14　電荷移動錯体の例として，テオフィリンとエチレンジアミンからなる複合体アミノフィリンがある．

正　解

1（×）パウリの排他原理

2（×）sp^3混成軌道

3（○）

4 (×) 場合により，電子が配置される．
5 (×) 全く同質の概念ではないが，似たところもある．共役とは，次図のように2つの二重結合などが1つの単結合で結ばれたもの．

$$\diagdown \atop /\!\!\!\! C=C-C=C \!\!\!\!\atop \diagup \atop \diagdown$$

共鳴とは，ベンゼンやカルボキシル基のようにπ結合（π電子）を介して結ばれたもの．どちらも電荷が分散し，非局在化して全体の構造が安定化する．

6 (○)
7 (×) 熱力学では，「標準状態とは，一般に圧力が 10^5 Pa で温度が 25 ℃（= 298.15 K）のときに，物質のとる最も安定な状態」をいう．
8 (×) 内部エネルギーには，その系内部のすべてのエネルギーが含まれる．
9 (×) 電荷をもたない分子間にも作用する．
10 (×) 他にイオン-双極子，双極子-誘起双極子間の相互作用がある．
11 (○)
12 (×) 溶媒としての水がなければ疎水性結合は生じない．なお，"疎水性結合"は不正確な記述であり，正確には"疎水性相互作用"という．
13 (○)
14 (○)

3 粉 体

3.1 ◆ 粒子径

到達目標　粉体の粒子径の測定方法が理解できる．

　粉体の平均粒子径や粒子径の分布（粒度分布）は，その測定が個数基準（粒子径 d_i の粒子が何個存在するか）であるかあるいは質量基準（粒子径 d_i の粒子が質量で表してどれだけ存在するか）であるかによって異なる．同一試料では，質量基準のほうが個数基準よりも平均粒子径が大きくなる．以下に粒子径の主な測定方法を示す．

1) ふるい分け法
　ふるい分けののちにそれぞれの質量を秤量するので，細孔通過相当径の質量基準の粒度分布が得られる．

2) 光学顕微鏡法
　粉体の光学顕微鏡写真から図3.1のように粒子径を定義する．個数基準の粒度分布とそれに基づく平均粒子径が求まる．
① フェレー径（グリーン径）
　一定方向の2本の平行線で粒子をはさんだときのその2本の平行線間の距離．
② マーチン径
　一定方向で粒子の投影面積を2等分する線分の長さ．
③ クルムバイン径（定方向最大径）
　定方向で最大の幅となる箇所の長さ．一般に，同一試料ではフェレー径よりやや小さめの値となる．
④ ヘイウッド径（投影面積円相当径）
　粒子と投影面積が等しい円の直径．
　一般に，同一試料ではフェレー径＞ヘイウッド径＞マーチン径の関係になる．

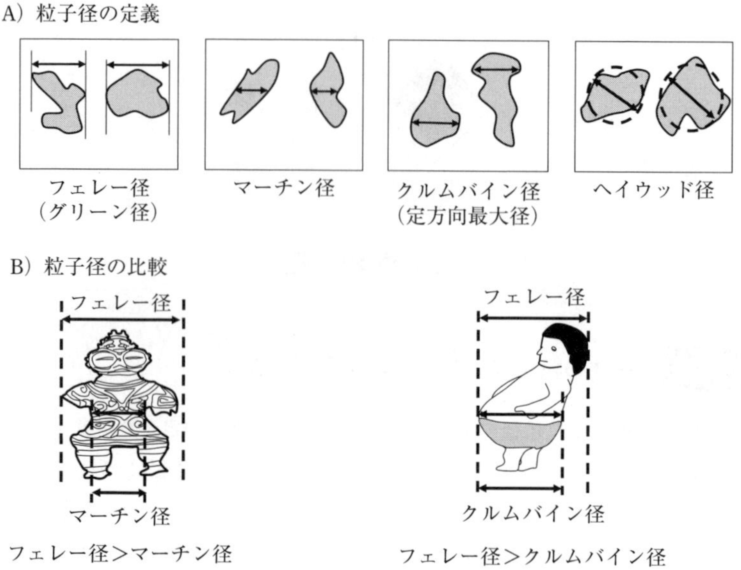

A) 粒子径の定義

フェレー径　　マーチン径　　クルムバイン径　　ヘイウッド径
（グリーン径）　　　　　　　（定方向最大径）

B) 粒子径の比較

フェレー径＞マーチン径　　　　フェレー径＞クルムバイン径

図3.1　光学顕微鏡法の粒子投影像における粒子径の定義とそれらの比較
マーチン径は粒子の面積を2等分する線分の長さとして定義するため，ひょうたん型の粒子やB) 左図の土偶のような形の粒子では中央部分のくびれた部分の長さになる．そのため，マーチン径はフェレー径と比べて小さくなる．また，B) 右図のような体形の人が後方に傾いたような形の粒子を想像した場合に，クルムバイン径は胴の部分の長さに相当するが，フェレー径は腹部と後頭部の水平距離に相当するためフェレー径のほうが大きくなる．

3) コールターカウンター法（細孔通過法）

粉体を電解質溶液中で懸濁させ，その懸濁液を吸引して細孔を通過させる．粉体粒子が細孔を通過するたびに細孔中の電気抵抗が瞬間的に増加するので，そのパルスの回数と大きさから粉体粒子の等体積球相当径（体積相当径）の個数分布がわかる．

4) 沈降法

粘度 η，密度 ρ_0 の液体中で粉体粒子（密度 ρ）を等速沈降させ，その沈降速度 v から式（3.1）（**ストークスの法則**）を用いて粉体の粒子径 d（直径）を求め，粒度分布を得る方法である．

$$v = \frac{d^2(\rho - \rho_0)g}{18\eta} \tag{3.1}$$

g は重力加速度である．d は沈降速度相当径（ストークス径）である．

沈降法による粒度分布および平均粒子径の測定器具として，アンドレアセンピペットや沈降天秤などがある．アンドレアセンピペットでは粉体懸濁液を液中の定位置から一定時間ごとに一定体積を採取して，その中の粉体重量を求める．沈降天秤は，沈降管中の秤量皿上に沈降して堆積した粉体の重量を時間を追って天秤で測定する．この他，粒子を分散させた沈降管に側面から光を照射して濁り度の変化を調べる方法（光透過法）もある．

5) 比表面積法

粉体の粒子径 d と比表面積（単位質量当たりの表面積）S_w，密度 ρ の間に $d = 6/(\rho S_w)$ なる近似が成り立つ（1辺 d の立方体および直径 d の球においては厳密に成り立つ）ので，この関係から平均粒子径 d （比表面積球相当径，比表面積径）を求める．ただし，この方法では粒度分布を求めることができない．

比表面積は，吸着法または透過法により測定する．

① 吸着法

一定温度で固体（粉体）に気体を吸着させたときの，気体の平衡圧力 p と気体の吸着量 V との関係を表す式を**吸着等温式**，その p と V の関係を示す曲線を**吸着等温線**という（図3.2）．p が小さいときは**ラングミュアの吸着等温式**が，p が大きいときには **BET 式**が適用される．

ラングミュアの吸着等温式は固体の表面に気体分子が単分子層吸着することを前提にしている．BET 式は気体分子が多分子層吸着することを考慮した式である．ラングミュアの吸着等温式からも BET 式からも固体単位質量当たりの単分子飽和吸着量 V_m が算出できる．V_m から粉体の比表面積が，したがって平均粒子径 d が求められる．

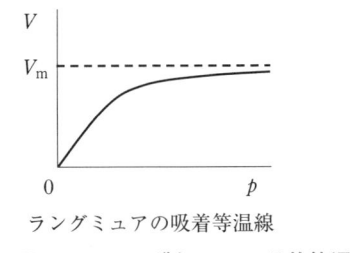

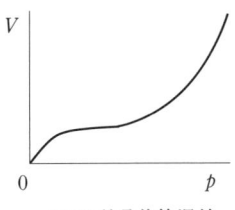

ラングミュアの吸着等温線　　　　BET 型吸着等温線

図 3.2　ラングミュアの吸着等温線と BET 型吸着等温線
（嶋林三郎編（2006）製剤への物理化学, p.57, 図2.7, 廣川書店を一部改変して引用）

② 透過法

粉体を充填した層の中を流体（気体または液体）が通過するときの速度と圧力差から比表面積を求める方法である．比表面積の算出には，**コゼニー-カーマン Kozeny-Carman 式**が用いられる．

問題 3.1 粉体の粒子径および粒度分布に関する記述のうち，正しいものはどれか．
1 顕微鏡法では，個数基準の粒度分布が得られる．
2 メジアン径は，粒度分布曲線の最大頻度に相当する粒子径である．
3 同一粉体では，個数基準の分布のモード径は質量基準の分布のモード径よりも大きい．
4 同一粉体では，体積平均径は面積平均径よりも小さい．
5 マーチン径は，粒子の投影面積と同じ面積をもつ円の直径である．

解説 1 正しい．
2 メジアン径は積算粒度分布曲線の粒子径の中央値（大きさの順に粒子径を並べたときの中央の値），すなわち，これより大きい粒子とこれより小さい粒子とに等分するときの粒子径である．最大頻度の粒子径（すなわち最頻値）はモード径である．
3 同一粉体においては，平均粒子径，モード径，メジアン径ともに，質量基準の値のほうが個数基準の値よりも大きくなる．
4 同一粉体では，体積平均径は面積平均径よりも大きい．なお，粒子径 d_1 の粒子が n_1 個，d_2 の粒子が n_2 個，d_3 の粒子が n_3 個，……からなる粒子群を想定したとき，面積平均径（体面積平均径）は $\Sigma(n_i d_i^3)/\Sigma(n_i d_i^2)$，体積平均径（重量平均径）は $\Sigma(n_i d_i^4)/\Sigma(n_i d_i^3)$ で表される．
5 図3.1 を参照．問題文は，ヘイウッド径に関する記述である．

正解 1

問題 3.2 粒子の沈降に関するストークスの式について，正しいものはどれか．
1 ストークスの式が適用できるのは，粉体が等加速度運動で沈降するときである．
2 ストークスの式を用いれば，分散液中で沈降する粉体の単位時間当たりの沈降量を測定することにより，粒子間の相互作用を求めることができる．
3 ストークスの式では，粒子が球形であることが仮定されている．
4 ストークスの式では，粒度分布は正規分布であることが仮定されている．
5 ストークスの式を実際に用いるときには，分散媒は粒子に対して適当な溶解性をもつことが望ましい．

（第 79 回国試問題を改変）

解説 1 ストークスの式は，粒子が一定速度で沈降することを前提としている．すなわち，粒子に加わる下向きの力（＝重力－浮力）と上向きの力（＝分散媒の粘性抵抗力）が等しく，加速度が生じないことが前提になっている．
2 ストークスの式では粒子間の相互作用はわからない．ただし，多くの場合，2次粒子の粒子径が求まり，しかもその値は溶媒（分散媒）の種類によって異なるので，1次粒子の凝集性と溶媒の種類の関係を検討することはできる．
3 正しい．球形でない粒子については，球形と近似したときの粒子径 d が算出される．
4 ストークスの式を用いて沈降法により粒度分布が求められる．しかし，粒度分布が必ずしも正規分布や対数正規分布である必要はない．
5 分散媒が粒子に対して溶解性をもつと粒子径が減少したり，粒子が溶解して消滅したりする．そのため，ストークスの式が適用できなくなる．

正解 3

3. 粉体

問題 3.3 大, 小 2 種の粒子径を有する同一物質の混合粉体について, アンドレアセンピペットを用いて粒度測定を行った. アンドレアセンピペット中の一定位置における分散粒子の濃度は, 図の実線のようであった. 混合粉体中の (小粒子):(大粒子) の質量比は次のどれか.

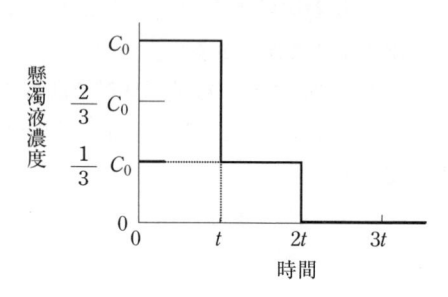

1　3:1
2　2:1
3　1:1
4　1:2
5　1:3

(第 86 回国試問題を改変)

解説　4　正しい. 時間 0-t ではアンドレアセンピペット中の試料採取位置に小粒子と大粒子の両方が存在し, 時間 t-$2t$ では小粒子のみが存在していたことがわかる. したがって, 測定開始時の小粒子の濃度は $(1/3)C_0$, 大粒子の濃度は $C_0 - (1/3)C_0 = (2/3)C_0$ となる. ゆえに, 混合粉体中の小粒子と大粒子の存在比は, (小粒子):(大粒子) = $(1/3)C_0 : (2/3)C_0$ = 1:2 である.

正解　4

問題 3.4 小粒子および大粒子の 2 種の粉体の混合物の懸濁液を調製した．沈降天秤を用いて分散法による沈降実験を行い，図の実線に示す測定結果を得た．混合物中の（小粒子）:（大粒子）の質量比は次のどれか．

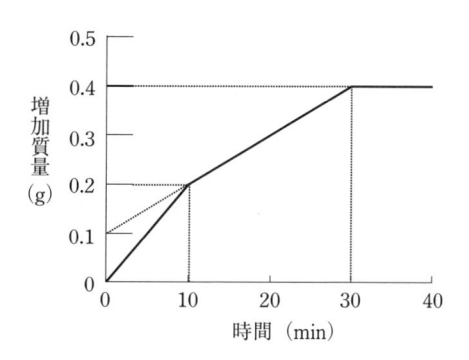

[グラフ：横軸 時間(min) 0〜40，縦軸 増加質量(g) 0〜0.5．実線は (0, 0.1) から (10, 0.2) を経て (30, 0.4) に達し，その後水平．]

1　3 : 1
2　2 : 1
3　1 : 1
4　1 : 2
5　1 : 3

（第 79 回国試問題を改変）

解説　1 正しい．測定開始後 0〜10 分間は小粒子と大粒子が沈降し，10 分後にはすべての大粒子が沈降したことがわかる．一方，10〜30 分では小粒子のみが沈降し，30 分ですべての小粒子が沈降したことになる．

それゆえ，沈降した小粒子は $0.4 - 0.1 = 0.3\,\mathrm{g}$ である．大粒子は $0.1\,\mathrm{g}$ である．したがって，（小粒子）:（大粒子）の質量比は $0.3 : 0.1 = 3 : 1$ である．

正解　1

問題 3.3 および問題 3.4 は沈降法による粒度分布の求め方に関する出題である．

36 3. 粉体

式 (3.1) より粒子の沈降速度 v は粒子径 d の 2 乗に比例する．いいかえれば，d は v の平方根に比例する．問題3.3 では，大粒子は時間 t の間に全量沈降したが，小粒子は時間 $2t$ の間に全量沈降した．そのため，大粒子の沈降速度は小粒子の沈降速度の 2 倍であり，大粒子の粒子径は小粒子の粒子径の $\sqrt{2}$ 倍である．

同様に問題 3.4 では，大粒子の沈降速度は小粒子の沈降速度の 3 倍であり，大粒子の粒子径は小粒子の粒子径の $\sqrt{3}$ 倍である．

3.2 ◆ 粉体の物性

到達目標 粉体の充てん，流動，吸湿，ぬれについて理解できる．

1) 充てん性

メスシリンダー等で測定した粉体のかさ体積（みかけ体積）を V，粉体の実体積を V_p，粉体の質量を W とすると，充てん性は以下の数値で評価できる．

① **かさ比容積**（**みかけ比容積**，粉体単位質量（1 g）当たりのかさ体積）

$$v = V/W$$

② **かさ密度**（**みかけ密度**，粉体単位体積（1 cm^3）当たりの質量）

$$\rho = W/V$$

③ **空隙率**（**空間率**，粉体のかさ体積中で空隙の占める体積の割合）

$$\varepsilon = (V - V_\mathrm{p})/V = 1 - (V_\mathrm{p}/V)$$

粉体の密度には以下の 3 種類がある．単位は通例いずれの場合も g/cm^3 である．

① **真密度**（ρ_0）：物質そのものの密度
② **粒子密度**（ρ_p）：液中で粒子が排除した液体の体積から粒子の体積を求め，この体積と質量から算出した密度．液体が浸入できない粒子内の空隙・細孔も粒子の体積に含まれる．
③ **かさ密度**（ρ_b）：粒子内および粒子間の空隙を含んだ体積（かさ体積）から算出した粉体の密度．

2) 流動性

粉体の流動性の指標としては，**安息角**，**内部摩擦係数**（図 3.3），**オリフィス**（小孔）からの流出速度などがある．

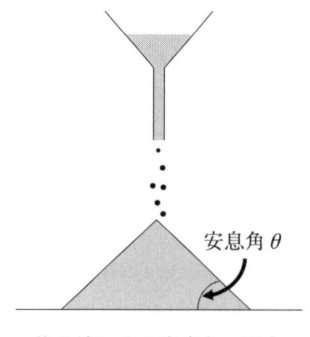

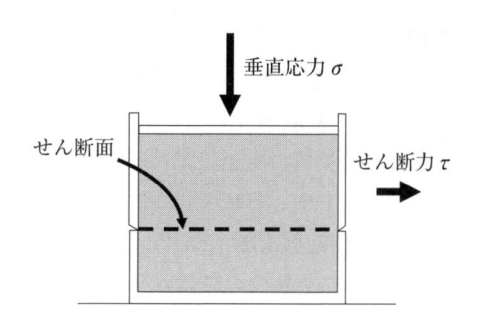

図 3.3　粉体の流動性の評価
(嶋林三郎編（2006）製剤への物理化学, p.60, 図 2.8, 廣川書店を引用)

① **安息角**
　粉体を重力により自然堆積させたときに形成される粉体層の表面が水平面と成す角（θ）．安息角が小さい試料ほど流動しやすい．

② **内部摩擦係数**
　粉体層のある面に一定の垂直応力 σ を与え，その面に沿ってせん断力 τ を加えていく．σ と τ との間に式（3.2）の関係が成り立つ（クーロンの式）．

$$\tau = \mu\sigma + C \tag{3.2}$$

μ を内部摩擦係数，C を粘着力あるいはせん断付着力という．

　付着性のある粉体では $C > 0$ で，付着性のない粉体では $C = 0$ である．μ や C の値が小さいほど流動性が高い．

③ **オリフィスからの流出速度**
　粒子径に比べて十分大きなオリフィスを底部の中心部につけた円筒容器に粉体を入れ，オリフィスからの粉体の流出速度を測定する．流出速度が大きいほど流動性が高い．

④ **粉体の流動性の改善方法**
i) 粒子径を大きくする．
ii) 滑沢剤として 0.1 ～ 2 ％程度のタルク，ステアリン酸マグネシウムなどを添加する．ただし，添加量には最適値が存在し，加えすぎるとかえって流動性が悪化する．
iii) 吸湿している粉体は乾燥させる．静電気を帯びている粉体では静電気を除去する．

3) 吸湿性

水に不溶な粉体の吸湿は，固体表面に対する水蒸気の吸着と考えられ，BET式等で表すことができる．

粉体が水溶性物質の場合には，ある相対湿度までは吸湿量は少ない（あるいはほとんど吸湿しない）が，それ以上になると急激かつ多量に吸湿する．このときの相対湿度を**臨界相対湿度（CRH）**という．この値が大きいほど吸湿しにくい．

2種以上の水溶性物質の粉体を混合した場合は，一般に各組成のCRHより低い湿度で吸湿が生じ，吸湿量も増大する．粉体Aと粉体Bの混合物のCRHは，A，Bそれぞれの CRH の積に近似的に等しくなる．これを**エルダーの仮説**という．エルダーの仮説は，2種の粉体が共通のイオンを含有する場合や，複合体を形成して溶解度が変化する場合には適用できない．

4) 粉体のぬれ

粉体を圧縮成形した表面に液滴を置いたとき，液滴と固体表面との接触点において液滴の気液界面に引いた接線と固液界面との成す角 θ を**接触角**という（図3.4）．接触角が小さいほどぬれやすい．このとき式（3.3）が成立する（**ヤングの式**）．

$$\gamma_S = \gamma_{SL} + \gamma_L \cos\theta \tag{3.3}$$

γ_S は固体の表面張力，γ_{SL} は固体と液体との界面張力，γ_L は液体の表面張力である．接触角 θ は毛管上昇法によっても求めることができる．すなわち，粉体層の底面を液中に浸し，液が毛管上昇により浸透する速度から θ を求める（**ウォッシュバーンの式**）．θ が大きいほど浸透速度が小さい（ぬれにくい）．

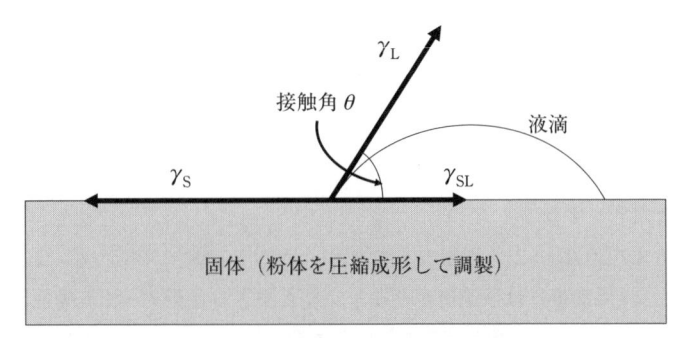

図 3.4　固体表面上の液滴に働く力
（嶋林三郎編（2006）製剤への物理化学, p.63, 図 2.9, 廣川書店を引用）

問題 3.5 粉体の流動性に関する記述のうち，正しいものはどれか．
1 同一成分の粉体においては，粒子径が小さいほど流動性が良くなる．
2 安息角の小さい粉体ほど流動性が良い．
3 混合粉体の流動性は，滑沢剤の添加量に比例して直線的に増大する．
4 粉体の内部摩擦係数が大きいほど，流動性は良い．
5 みかけ密度（かさ密度）の小さい粉体ほどオリフィス（小孔）からの流出速度が大きい．

(第 89 回国試問題を一部改変)

解説 1 同一成分の粉体においては，粒子径が小さいほど流動性は悪い．これは粒子間引力の効果が相対的に強くなるためである．
2 正しい．
3 滑沢剤の添加により流動性が改善されるが最適値が存在し，加えすぎると逆に流動性が悪くなる．
4 粉体の内部摩擦係数が大きいほど流動性が悪い．
5 みかけ密度が小さいほど充てん性が悪く，流動性も悪くなる．そのため，みかけ密度が小さいほどオリフィスからの流出速度が小さい．

正解　2

問題 3.6 粉体の性質に関する次の記述のうち，正しいものはどれか．
1 粉砕しても，その比表面積は変化しない．
2 メスシリンダーに充てんして求めた「かさ密度」は，真密度より大きい．
3 粉体は吸湿により安息角が大きくなる．
4 粒子径が大きい粉体ほど空隙率が大きくなる．
5 粒子のぬれやすさは，粒子と液体との固-液界面張力には依存しない．

40　3. 粉　体

解説　1　粉砕すると，粒子径が減少し，比表面積は大きくなる（3.1の5）参照）．
2　かさ密度は，真密度より小さい．
3　正しい．吸湿した粉体は付着・凝集しやすく流動性が悪いため，安息角が大きい．
4　造粒して粒子径を大きくすると充てん性が改善され，空隙率が小さくなる．粒子径が小さくなると，粒子間引力の効果が顕著になり，空隙率が大になる．
5　粒子のぬれやすさは，粒子と液体の固-液界面張力（γ_{SL}）に関係する（式（3.3）参照）．

正解　3

問題3.7　粉末医薬品Aおよび粉末医薬品Bの25℃での臨界相対湿度（CRH）は，それぞれ50％および80％である．エルダーの仮説が成り立つとすると，両者を質量比1：2（医薬品A：医薬品B）で混合した試料のCRH（％）に最も近い値はどれか．
1　40
2　50
3　60
4　70
5　80

解説　1　正しい．エルダーの仮説より，CRH = 0.5 × 0.8 = 0.40 となる．粉体混合物のCRHは，それぞれの成分の混合比には無関係である．

正解　1

◆ **確認問題** ◆

次の文の正誤を判別し，○×で答えよ．
□□□　1　一定方向の二つの平行線で粒子をはさんだときの平行線間の距離をマー

チン径という．

- □□□ 2 ガス吸着法や空気透過法による粒子径測定では，粒度分布は得られない．
- □□□ 3 ガス吸着法により粉体の比表面積を求めることができる．
- □□□ 4 粉砕すると，安息角は小さくなる．
- □□□ 5 接触角はぬれやすさの指標で，この値が小さいほどぬれやすい．
- □□□ 6 ウォッシュバーンの式は，空気透過法による粉体の比表面積を算出するのに用いられる．

正 解

1（×） 一定方向の二つの平行線で粒子をはさんだときの平行線間の距離は，フェレー径（グリーン径）である．マーチン径は，一定方向に粒子の投影面積を二等分する部分の線分の長さである．

2（○）

3（○）

4（×） 粉砕すると粒子径が小さくなり，流動性が低下し，安息角が大きくなる（3.2 の 2）参照）．

5（○）

6（×） 空気透過法による粉体の比表面積を算出するための式はコゼニー－カーマンの式である．ウォッシュバーンの式は毛管上昇法による粉体の液に対するぬれの速度を表す式である．

4 固体と結晶

4.1 ◆ 結　晶

到達目標　固体（特に結晶）について，構造的な特徴と物理化学的特性を説明できる．

結晶：原子，イオン，分子が三次元的に規則正しく並んだ状態であり，共有結合結晶，金属結晶，イオン結晶，分子結晶が知られている．

非晶質：分子，原子が不規則に並んでおり，固体ではあるが結晶ではない．アモルファス，無定形ともいう．

共有結合結晶：ダイヤモンドなどに代表されるように，共有結合により，1分子で形成されている結晶．非常に硬く融点も高い．分子結晶とは概念が異なる（問題4.1も参照）．

金属結晶：一般に金属とよばれるものの結晶．結晶中には三次元的に整列した原子核と，それを取りまく自由電子とが存在している．

イオン結晶：陽イオンと陰イオンがクーロン力で互いちがいに配列して構成される．塩化ナトリウム，塩化カリウムなどの結晶が代表的．

分子結晶：ファン・デル・ワールス力，水素結合，静電相互作用など比較的弱い分子間相互作用により形成された結晶．例えば，ヨウ素の結晶中ではファン・デル・ワールス力によってI_2の規則的な配列が維持されている．そのため，この結晶はやわらかく変形しやすい．

単位格子と結晶系：結晶中の繰り返し単位を単位格子という．それは14種類のブラベ格子のどれかに属する．格子定数（a, b, c 軸の長さと角度 α, β, γ）の値により7つの結晶系に分類される．7つの結晶系の詳細や14種類のブラベ格子については自分で参考書を用いて調べてみよう．7つの結晶系の特徴については表4.1にまとめてある．

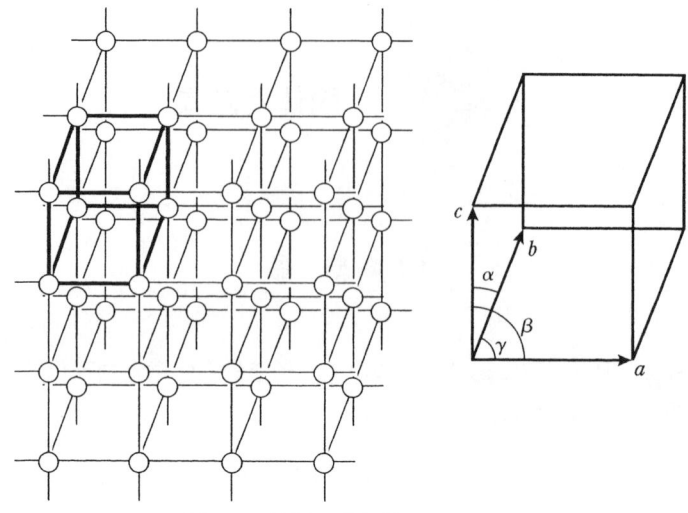

図 4.1　結晶と単位格子の概念図

表 4.1　7 つの結晶系

結晶系	格子定数による条件
三斜晶系	$a \neq b \neq c, \ \alpha \neq \beta \neq \gamma \neq 90°$
単斜晶系	$a \neq b \neq c, \ \alpha = \beta = 90°, \ \gamma \neq 90°$
斜方晶系	$a \neq b \neq c, \ \alpha = \beta = \gamma = 90°$
正方晶系	$a = b \neq c, \ \alpha = \beta = \gamma = 90°$
菱面体（三方晶系）	$a = b = c, \ \alpha = \beta = \gamma \neq 90°$
六方晶系	$a = b \neq c, \ \alpha = \beta = 90°, \ \gamma = 120°$
立方晶系	$a = b = c, \ \alpha = \beta = \gamma = 90°$

密度：単位体積当たりの物質の質量であり，物質に固有の値であるため，物質の同定や純度の判定に用いられる．固体の密度の測定方法には，液相置換法，浮遊法，振動式密度測定法などがある．単位は通例 $g \cdot cm^{-3}$ であるが，場合によっては $g \cdot mL^{-1}$ を使うこともある．以下に測定法の概略を述べる．

液相置換法：一定温度下で比重瓶を用い，固体試料を溶かさない液体（浸漬液，密度既知）の体積を固体試料の体積で置き換えてその質量を測定し，固体試料の密度を求める方法．

浮遊法：密度の異なる 2 つの液体を用意し，固体試料を浮きあがりもせず，沈降も

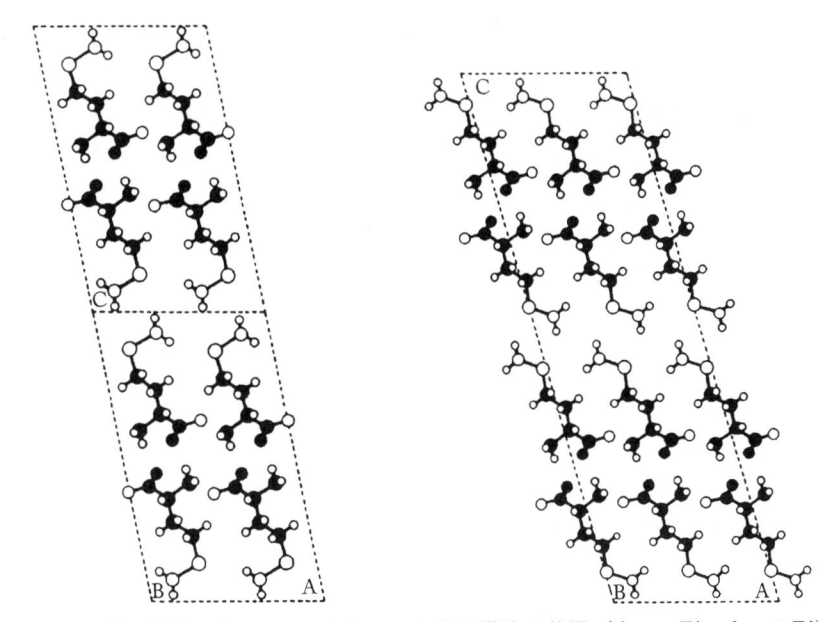

図 4.2　結晶多形による DL-メチオニンの結晶構造の差異（左：α形，右：β形）
（松岡正邦：結晶化工学，2. 結晶化現象の基礎，図 2.9，培風館）

しない状態になるように，これらの2液体を混合する．この混合液の密度を測定することで，試料の密度を知る．

振動式密度測定法：試料セルの固有振動周期と試料の密度との間に直線関係が成立するので，これにより試料の密度を求める．

晶癖：たとえ同じ結晶構造でも，結晶化条件により結晶面ごとの成長速度が異なると，形成された結晶の外観が大きく異なることがある．そのことをいう．晶癖の異なる結晶間では内部構造が全く同じなので，外観がちがっても密度も全く同じになる．

結晶多形：分子構造がたとえ同一の物質でも，結晶中の原子，イオン，分子などの配列の仕方の異なることがある．その結果，同一化合物でありながら複数種の結晶構造が得られる．晶癖と異なり密度や内部構造が異なる．特に，溶解度に大きな差が出るので，バイオアベイラビリティに影響を与える．

結晶多形を示す医薬品

　　ウレイド系睡眠薬（ブロモバレリル尿素など）

　　グリセリド（グリセリンの脂肪酸エステル）

　　抗潰瘍剤（シメチジン，ファモチジンなど）

抗ヒスタミン剤（ジフェンヒドラミン塩酸塩，プロメタジン塩酸塩など）

脂肪酸（パルミチン酸，ステアリン酸など）

ステロイドホルモン（コルチゾン酢酸エステル，プロゲステロン，プレドニゾロンなど）

スルホンアミド剤（スルファメチゾール，スルファチアゾールなど）

その他の代表的医薬品（アスピリン，インドメタシン，チアミン塩化物塩酸塩，テトラカイン塩酸塩，サリチル酸フェニル，クロラムフェニコールパルミチン酸エステル，ピラジナミド，リボフラビンなど）

多形転移：結晶多形間で準安定形結晶から安定形結晶へ結晶構造が変化すること．一種の相転移．

溶媒和結晶：溶媒分子を含んだ結晶．熱を加えることで結晶内部の溶媒を失う．溶媒（特に水分子）を奪われたものは，もとの結晶よりも溶解度の大きいことが多い．

粉末X線回折法：結晶を乳鉢などで粉砕し，微小な多結晶の集合体にして，これにX線を照射し回折像を観察する．粉末化しても単位格子を維持しているので，その格子に対応する回折データを与える．これより試料物質の結晶性あるいは非晶質

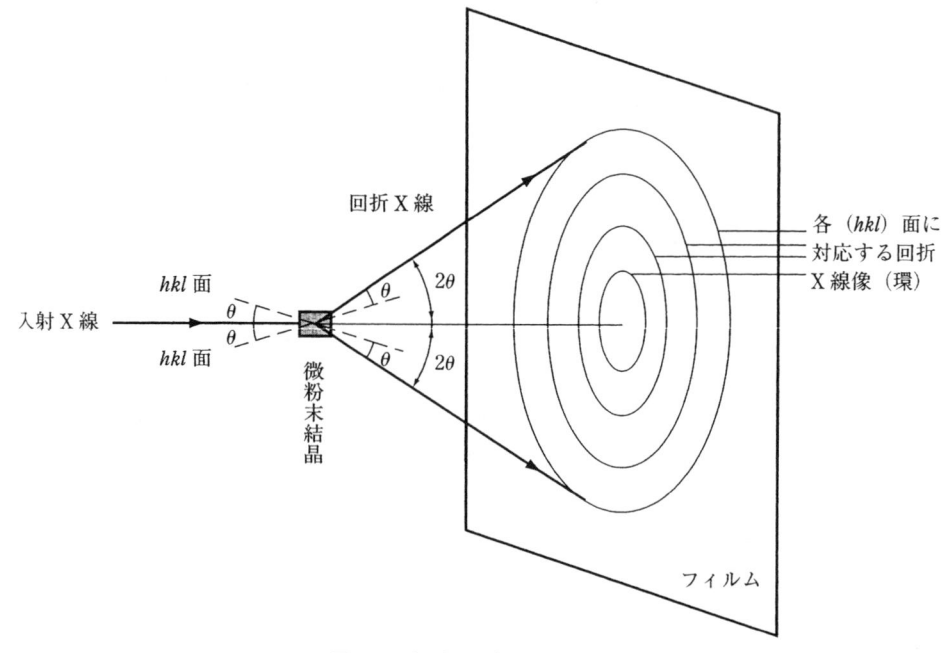

図4.3　粉末X線回折の原理

4.1 結晶　47

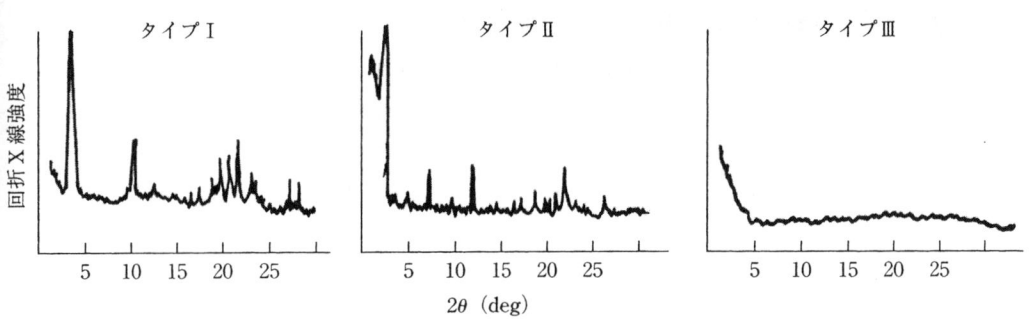

図 4.4　パルミチン酸クロラムフェニコールの粉末 X 線回折図
タイプ I：結晶質（α 型），タイプ II：結晶質（β 型），タイプ III：非晶質．

（無定形）の識別，物質の同定，溶媒和や結晶多形の確認などを行う．

X 線の波長を λ，入射 X 線と回折 X 線のなす角度を 2θ（図 4.3 参照），結晶の面間隔を d とすれば，

$$2d \sin\theta = n\lambda$$

のブラッグの式が成り立つ．n は 1, 2, …等の整数である．θ, λ, n があらかじめわかっているので，d の値が求まる．この d と 2θ の関係は結晶に固有である．このことを利用して，例えば図 4.4 に示すパルミチン酸クロラムフェニコールのように，多形の存在が確認できる．非晶質は結晶格子をもたないので，特定の面間隔に相当するピークを確認できない．

【参考】X 線は電子によって散乱されるが（トムソン散乱），中性子線（中性子の物質波）は原子核によって散乱される．両者で見えるものが異なっており，この両者は構造解析に際して互いに相補的な役割を果たす．

問題 4.1　次のうちファン・デル・ワールス力，水素結合，静電相互作用など比較的弱い分子間相互作用により形成された結晶はどれか．
1　共有結合結晶
2　金属結晶
3　イオン結晶
4　分子結晶
5　アモルファス

48 4. 固体と結晶

解説 1 結晶内の全原子が共有結合によって結びついたもので，1つの結晶がいわば巨大分子となっている（つまり1分子になっている）と考えられる．ダイヤモンドが典型的な例．
2 金属の原子核が自由電子の海に浮かんでいる状態になっている．
3 クーロン力によって陽イオンと陰イオンが交互に配列して形成された結晶．
4 正しい．多数の分子が，さまざまな弱い分子間相互作用により配列して結晶を構成している．
5 非晶質ともいい，結晶ではない．多数の分子あるいはイオンが不規則に集合してできた固体のこと．

正解 4

問題 4.2 比重または密度の測定方法では<u>ない</u>ものはどれか．
1 比重瓶による測定法
2 振動式密度計による測定法
3 旋光度計による測定法
4 シュプレンゲル・オストワルドピクノメーターによる測定法
5 浮ばかりによる測定法

解説 比重または密度の測定には1，2，4，5の4つの方法がある．選択肢3の旋光度計は試料分子の光学活性を調べる装置であり，比重や密度は測定できない．

正解 3

問題 4.3 次の医薬品のうち結晶多形を示すものはどれか．
1 アドレナリン
2 モルヒネ
3 イブプロフェン
4 アスピリン
5 カナマイシン

解説 4 アスピリンは，結晶多形によってバイオアベイラビリティが大きく異なる．

正解 4

> **問題 4.4** 粉末 X 線回折法に関するものはどれか．
> 1 試料の立体構造を原子レベルで明らかにすることができる．
> 2 同一の化学構造をもつ有機化合物について，多形の有無を調べることができる．
> 3 結晶の晶癖を区別することができる．
> 4 結晶の面間隔は測定できない．
> 5 試料を粉末にするとき，あまり小さくしすぎると測定できなくなることがある．

解説
1 単結晶 X 線回折法の記述
2 正しい．
3 晶癖は結晶の外形だけが異なるので，回折法では区別できない．
4 X 線の波長 λ と反射角（ブラッグ角）θ がわかっていれば，ブラッグの式から結晶の面間隔 d を計算することができる．
5 試料を粉末にするとき，回折できない状態にまでバラバラにすることは事実上できない．

正解 2

4.2 ◆ 固体の熱分析

到達目標 固体の相変化（融解など）に伴う熱の移動について説明できる．

熱分析：物質（固体）の温度を連続的に変化させながら，その物質の融点や熱分解，水和物からの脱水のような物理的性質を測定する方法．
比熱：単位質量の物質の温度を単位温度だけ上昇させるのに要する熱量．
熱重量測定法 thermogravimetry（TG）：温度に対する物質（固体）の質量変化を測定する方法．医薬品試料の結合水などの定量に用いられる．

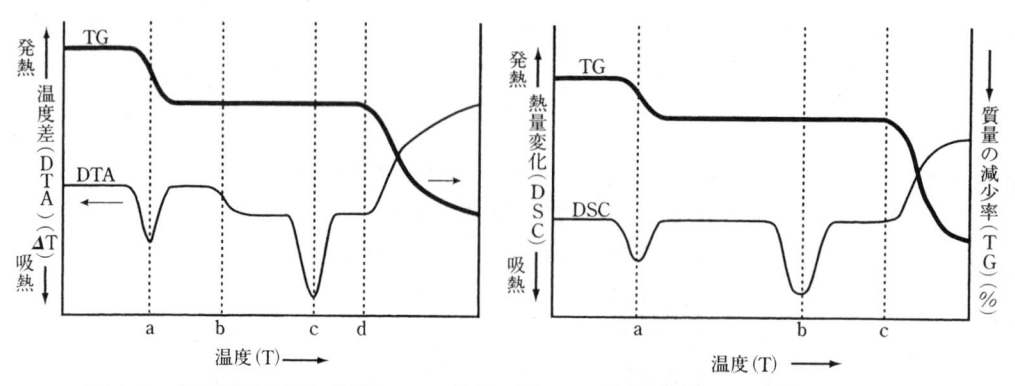

図4.5 水和結晶のTG曲線とDTA曲線の例
a：脱水，b：転移，c：融解，d：熱分解

図4.6 水和結晶のTG曲線およびDSC曲線の例
a：脱水，b：融解，c：熱分解

示差熱分析 differential thermal analysis（DTA）：試料物質（固体）と基準物質（通常α-アルミナ粉末）の温度を連続的に変化（上昇あるいは降下）させ，両者の温度差を温度に対する関数として測定する方法．吸熱反応や発熱反応の起こる温度がわかる．

示差走査熱量計 differential scanning calorimeter（DSC）：試料物質（固体）と基準物質の温度を連続的に変化させ，出入りする熱量の両者の差（発熱量あるいは吸熱量）を計測する方法．試料の融解熱やガラス転移点における熱量変化などが測定できる．図4.5および図4.6に，水和結晶についてのさまざまな熱分析の例を示す．

問題4.5 水1モルを1K上昇させるのに必要な熱量（モル熱容量）はどれか．ただし，水のモル質量を18 g/mol，比熱容量は4.2 $J \cdot K^{-1} \cdot g^{-1}$ とする．

1　$4.2 \, J \cdot K \cdot g^{-1}$
2　$4.2 \, J \cdot K^{-1} \cdot g$
3　$4.2 \, J \cdot K^{-1} \cdot mol^{-1}$
4　$75.6 \, J \cdot K \cdot mol^{-1}$
5　$75.6 \, J \cdot K^{-1} \cdot mol^{-1}$

4.2 固体の熱分析 51

解説
1 数値も単位も間違えている．
2 数値も単位も間違えている．
3 単位は正しいが，数値は水の比熱容量の値を示している．
4 単位が間違っている．
5 正しい．18 g/mol × 4.2 J·K^{-1}·g^{-1} = 75.6 J·K^{-1}·mol^{-1} と計算する．

正解 5

問題 4.6 熱分析に関する次の記述のうち正しいものはどれか．
1 熱重量測定（TG）では，試料と基準物質を加熱あるいは冷却したときに生じる両者間の温度差を測定する．
2 TG では，質量変化を伴わない相変化は検出できない．
3 TG によれば質量変化がなく，DSC（示差走査熱量測定法）によれば昇温時に吸熱が示されるとき，その温度で試料の水和結晶は脱水している．
4 DSC では，温度に対する試料の重量変化を測定する．
5 DTA（示差熱分析）では，試料と基準物質の温度を連続的に変化させて，熱量の出入りの両者の差（吸熱量あるいは発熱量）を計測する．

解説
1 DTA に関する記述
2 正しい．
3 融解が起こっている．質量変化がないので脱水ではない．
4 TG に関する記述
5 DSC に関する記述

正解 2

問題 4.7 水和物結晶のエンタルピー変化を測定する方法はどれか．
1 屈折率測定法
2 旋光度測定法

4. 固体と結晶

```
3 熱重量測定法
4 示差走査熱量測定法
5 紫外吸収スペクトル法
```

解説 選択肢4の示差走査熱量測定法（DSC）だけが，水和物結晶のエンタルピー変化を測定できる．

正解 4

◆ 確認問題 ◆

次の文の正誤を判別し，○×で答えよ．

□□□ 1 金属結晶はイオン結晶の一種である．
□□□ 2 ダイヤモンドは分子結晶である．
□□□ 3 ゲイリュサック型比重ビンを用いて結晶性粉末の密度を測定できる．
□□□ 4 晶癖が異なる結晶は密度も異なる．
□□□ 5 パルミチン酸クロラムフェニコールには結晶多形がある．
□□□ 6 粉末X線回折法のみで，原子レベルでの結晶構造を明らかにすることができる．
□□□ 7 非晶質を粉末X線回折法により分析すると，その格子定数を明らかにすることができる．
□□□ 8 熱分析により，結晶中の水和水の有無を調べることができる．
□□□ 9 熱重量測定と示差熱分析を併用すると，固体試料の熱分解を調べることができる．
□□□ 10 示差熱分析の基準物質には，通常 α-アルミナを用いる．

正 解

1（×） イオン結晶は，陽イオンと陰イオンが交互に配列してクーロン力により形成される．一方，金属結晶は，金属原子の原子核が規則的に配置し，その周辺を自由電子が取り巻いて結晶構造を安定化している．
2（×） 共有結合結晶．
3（○）

4（×） 晶癖が異なっても，結晶構造は同じである．
5（○）
6（×） 単結晶 X 線回折法によらないと，精密な結晶構造を明らかにすることはできない．
　　　　【参考】結晶構造から粉末 X 線回折のパターンをシミュレートすることはできる．また，放射光の応用研究によって，粉末パターンからもかなりの確率で構造解析に成功するようになってきた．このように，この分野は研究の進歩が著しい．
7（×） 非晶質は結晶ではないので，格子定数そのものが存在しない．
8（○） 無水物ではみられない重量減少や吸熱が観測されれば，水和結晶の可能性がまず考えられる．
9（○）
10（○）

5 相平衡と相律

5.1 ◆ 気体の性質

到達目標 ファンデルワールスの状態方程式について説明できる.

 理想気体の状態はボイル–シャルルの法則を包含した状態方程式 $pV = nRT$ によって表される (p は圧力, V は体積, n は気体のモル数, R は気体定数, T は絶対温度). ところが実在気体は, ① 分子に大きさがあり, ② 分子間相互作用がある, という2点において理想気体と異なるため, これらの要因が無視できないような高圧下や低温下では $pV = nRT$ は必ずしも成立しない. 上記 ① の寄与を体積項内で, ② の寄与を圧力項内で補正したのが次のファンデルワールスの状態方程式である.

$$\left(p + a\frac{n^2}{V^2}\right)(V - nb) = nRT \tag{5.1}$$

ここで, a および b はファンデルワールスの定数と呼ばれ, a は分子間相互作用に関する定数, b はモル当たりの排除体積を示し, 物質に固有の値である. 高温・低圧時には分子間相互作用や排除体積の寄与が小さくなるため, 実在気体は高温・低圧であるほど理想気体に近づいていく. ファンデルワールスの状態方程式に基づく実在気体の p-V (図5.1) には, 気相の凝縮も表されている.

 式 (5.1) は温度の違いにより曲線ア～ウのように表されるが, 点線より下側は蒸気圧平衡状態で気液両相が共存している領域を示している. 温度が一定のとき, この領域では圧力は試料液体の蒸気圧で一定であり, 曲線BC (破線) を水平線BCに補正してある. 曲線ウにおいて, 系は曲線CD上では気相であり, 水平線BC上では気液共存状態, 曲線AB上では液相である. 点Kを臨界点といい, そのときの温度, 圧力をそれぞれ臨界温度, 臨界圧力という. 例えば CO_2 については, 臨界温度は 31.1 ℃, 臨界圧力は 73 気圧, その時の CO_2 の密度は 0.46 g/cm^3 である. 臨界温度より高温になると点線の領域を通らず, したがって臨界温度より高温 (曲線ア) では液相が存在しない. このとき系は, 液相と気相を区別できない単一相 (超臨界流体) となっている.

5. 相平衡と相律

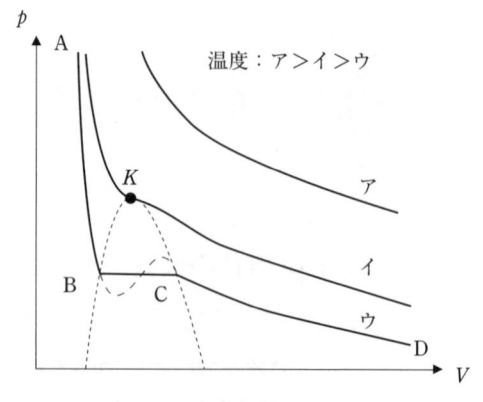

図5.1 実在気体のp-V図

問題 5.1 ファンデルワールスの状態方程式に基づき作成された次の圧力−体積図について，正しい記述はどれか．

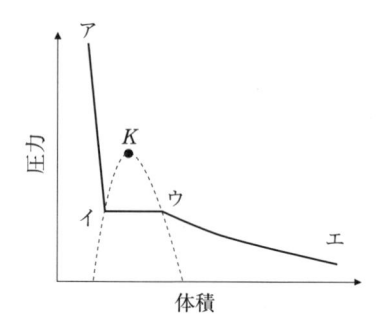

1 曲線アイ上では系は気相である．
2 点ウの圧力は，この系のこの温度における飽和蒸気圧である．
3 点Kは三重点と呼ばれる．
4 点Kは物質によらず不変である．
5 理想気体では，直線イウの長さが長くなる．

解説 1 曲線アイ上では，系は液体である．曲線ウエ上で系は気体である．
2 正しい．直線イウ上では，気液両相が共存している．このとき

の p は，この温度における飽和蒸気圧である．
3 点 K は臨界点である．
4 臨界点は物質に固有であり，ファンデルワールス定数 a, b により定まる．
5 理想気体は分子間相互作用がないため液化しない．したがって図の破線そのものが存在しない．

正解 2

問題 5.2 ファンデルワールスの状態方程式に関する次の記述のうち，正しいものはどれか．
1 実在気体の挙動を近似的に表す式であり，分子間相互作用と排除体積をともに考慮に入れている．
2 圧力項は理想気体の圧力に an^2V^{-2} を加えることで補正される．ただし，文字 a, n, V はそれぞれ，定数，モル数（物質量），体積を表す．
3 体積項は理想気体の体積から nb を減ずることで補正される．ただし，文字 n, b はそれぞれ，モル数（物質量），モル当たりの排除体積を表す．
4 アンモニアとヘリウムでは，概してアンモニアのほうが理想気体に近い挙動を示す．
5 低温，高圧にするほど，実在気体の挙動が理想気体に近づく．

解説 1 正しい．分子間相互作用と排除体積をともに考慮に入れた近似式である．
2 圧力項は実在気体の圧力に an^2V^{-2} を加えることで補正される．
3 体積項は実在気体の体積から nb を減ずることで補正される．
4 ヘリウムのほうが，分子間力と排除体積の寄与が小さく，理想気体に近い．
5 実在気体の挙動は，高温，低圧にするほど理想気体に近づく．

正解 1

[注意] 選択肢2と3で用いられている「モル数」の使用をやめて，「物質量」を学術用語として用いる努力が現在なされている．

5.2 ◆ 相変化

到達目標 相変化のエネルギー，相変化に伴う熱の移動，1成分系状態図について説明できる．

1) 状態図と化学ポテンシャル

水は氷（固体），水（液体），水蒸気（気体）の三態をとる（図5.2）．蒸発曲線，融解曲線，昇華曲線の各線上では曲線をはさむ2相が平衡状態にあり，それぞれ2相の化学ポテンシャルが等しいので両相が共存できる．水の状態図の特徴は，融解曲線の傾きが負となることである．これより，圧力が加わると氷が融けることが説明される．これがアイススケートの原理である．

3曲線の交点では，その1点を囲む固相と液相，気相の化学ポテンシャルがすべて等しく，これらの3相が共存できる．この3曲線が交わる点を三重点と呼び，その圧力と温度は物質に固有の値である．標準状態（圧力 $P = 1.0 \times 10^5$ Pa）で氷を昇温させると，固相（氷），液相（水），気相（水蒸気）の順に変化する．

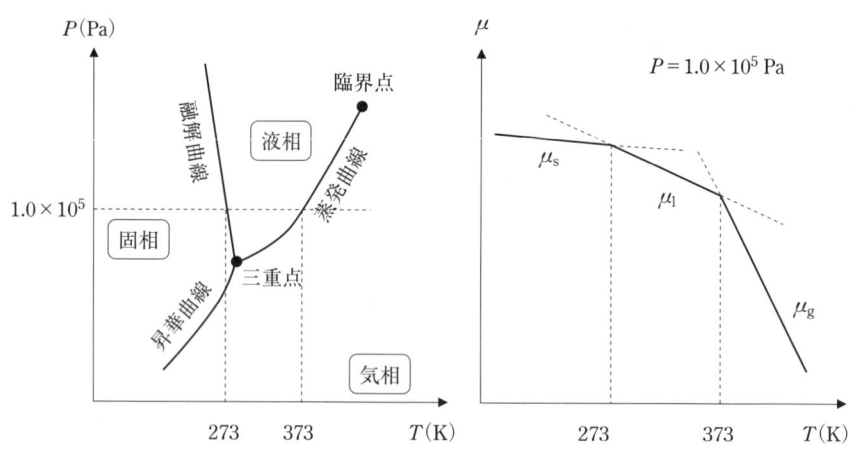

図 5.2 水の状態図（左）と化学ポテンシャルの変化（右）

5.2 相変化

図 5.2 の右図は，標準状態下の水の化学ポテンシャル変化を表している（傾斜 $d\mu/dT$ は $-S_m$ となる．ただし，S_m はモルエントロピー）．固相と液相の化学ポテンシャルが等しいときの温度を融点と呼び，標準状態下における融点を標準融点という．同様に液相と気相の化学ポテンシャルが等しいときの温度が沸点であり，標準状態下の沸点は標準沸点と呼ばれる．水に限らず，純物質（1 成分系）では融点と凝固点，沸点と凝縮点はそれぞれ一致する．融点未満の温度で化学ポテンシャルの大小を比較すると $\mu_s < \mu_l < \mu_g$ となっている．系の状態は化学ポテンシャルが減少する方向に自発的に変化するので，融点未満の温度では系は自発的に固体となる．同様に，融点と沸点の間の温度では系は自発的に液体となり，沸点より高温では気体となる．

同一成分の固相であっても，結晶構造の違いによって複数種の固相が存在することがあり，これを多形（あるいは結晶多形）という．多形をとる物質の種類は多く，例えば黒鉛とダイヤモンド，斜方硫黄と単斜硫黄は多形の関係にある．多形間の相変化を転移といい，転移する温度は転移点，転移の吸熱量は転移エンタルピーである．原則的には，多形は化学ポテンシャルの高い準安定形から低い安定形に変化する．しかし，転移は速度論的に遅いことが多く，準安定状態が長時間持続することも少なくない．例えば 1 気圧下の炭素では，黒鉛が安定形でダイヤモンドは準安定形であるが，ダイヤモンドは容易に黒鉛へ転移しない．硫黄は 1 気圧下で斜方硫黄や単斜硫黄となっているが，温度を変えると両者は相互に転移する（互変二形）．これに対し，リンは白リンから紫リンへ不可逆的に転移する（単変形）．逆向きの転移は単に温度を変化させただけでは進まず，別の調製方法が必要となる．

問題 5.3 下に示す二酸化炭素の状態図について，正しい記述はどれか．

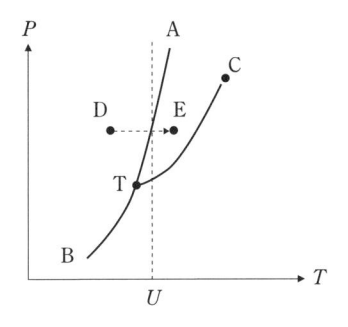

1 曲線 AT は融解曲線であり，曲線 BT は蒸発曲線である．

2 点Tで固相と液相，気相が共存し，それらはすべて平衡状態にある．
3 図の点Cより左側では液相と気相の区別ができない．
4 温度Uの気相を等温圧縮すると化学ポテンシャルは減少する．
5 標準状態下，ドライアイスを加熱するとDの状態からEの状態へ変化する．

解説 1 曲線ATは融解曲線，曲線BTは昇華曲線，曲線CTは蒸発曲線である．
2 正しい．点Tは三重点であり，固相，液相，気相のすべてが平衡状態にある．
3 点Cより高温高圧になると，液相と気相の区別ができない．
4 気相→液相→固相の順に変化し，化学ポテンシャルは増加する．
5 標準状態で，ドライアイスは固相から気相へ昇華する．

〔正解〕 2

問題 5.4 次に示す水の状態図について誤っている記述はどれか．

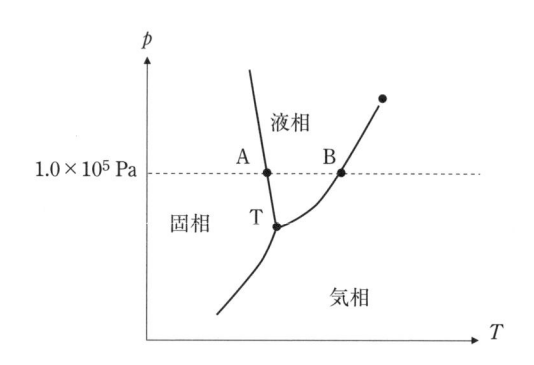

1 蒸留に用いるリービッヒ冷却器は定圧下で気相の熱を奪い液化させる．
2 点A，点Bの温度はそれぞれ標準融点，標準沸点である．
3 曲線ATが右下がりであることは，水のモル体積が氷のモル体積より小さいことと関係がある．

4　曲線BTが右上がりであることは，富士山頂では100℃未満で水が沸騰することと関係がない．
5　凍結乾燥では，減圧下で固相の水を気相に昇華させている．

解説　1　リービッヒ冷却器は，内壁と外壁の間に流れる冷媒によって，定圧（例えば1気圧）下で気相から吸熱し液相に凝縮させる．
2　点A，点Bは標準状態下で融解，沸騰が起こる点であるので，それぞれの温度は標準融点，標準沸点である．
3　一般に一定温度Tに保ったままで物質を加圧すると，モル体積が減少する．水の場合，モル体積は固相より液相のほうが小さいので，曲線ATが右下がりになる（クラウジウスの式）．
4　誤った記述である．富士山頂では大気圧が低いため，低地より低い蒸気圧で沸騰する．曲線BTが右上がりであるため，水は100℃にならなくても富士山頂の大気圧と等しい蒸気圧に到達できるからである．
5　凍結乾燥は，水を含む試料をいったん予備凍結させ，次に減圧して水を固相から気相に昇華させることにより，乾燥させる技術である．

[正解]　4

問題5.5　次の図に示された定圧下の多形の化学ポテンシャルについて，正しい記述はどれか．

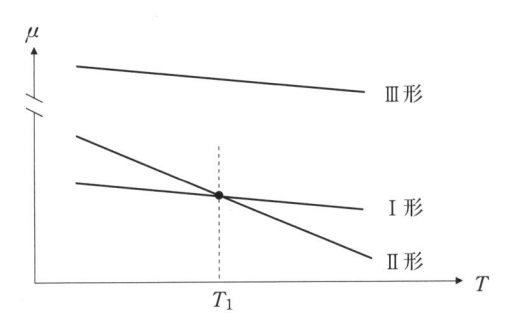

1　Ⅱ形からⅠ形への転移は単変形である．

2　I形とIII形は互変二形である．
3　温度 T_1 で系は無晶系である．
4　温度 T_1 より高温で，I形はII形に変化する．
5　グラフの接線の傾きはモルエントロピーである．

解説
1　等圧下で温度を変えると，I形とII形は可逆的に転移可能であるから互変二形である．
2　等圧下でIII形からI形の方向にのみ転位できる．つまり単変形．
3　温度 T_1 でI形とII形の化学ポテンシャルが等しく，転移が起こる．
4　正しい．温度 T_1 より高温では，I形よりII形のほうが化学ポテンシャルが低く安定である．
5　$G = H - TS$ と一般的には書かれるので，1モル当たりについていえば $G_m = \mu = H_m - TS_m$ である．ここで G_m, H_m, S_m はそれぞれ1モル当たりのギブズ自由エネルギー，エンタルピー，エントロピーを表し，μ は化学ポテンシャルを表す．ここで μ と T の関係を図示すれば，その傾斜は $-S_m$ となる（図5.2）．すなわち，接線の傾きはモルエントロピーの負値である．

(正解)　4

問題5.6　沸騰に関し誤っている記述はどれか．
1　液相の蒸気圧が外圧と等しくなると沸騰する．
2　沸騰とは，液相の内部からも気化することを指す．
3　液相内部で気泡が発生する際には，新しく気液表面をつくるために大きなエネルギーが必要になる．
4　新しい気液表面を形成するために要するエネルギーを小さくすれば，突沸を防ぐことができる．
5　水は分子間相互作用が比較的大きいため，突沸が起こりにくい．

5.2 相変化　63

解説　1, 2　温度が沸点未満の気液平衡下では，蒸発とは液相の表面にある分子が気相に移動することである．このとき液相内部の分子は表面の分子と平衡状態にあるが，この温度では内部の分子が直接気化することはない．これは，その時の蒸気圧が外圧（大気圧）よりも低く，内部から気化しようとしても外圧により圧縮され凝縮するからである．昇温により化学ポテンシャルが増大して蒸気圧が大気圧と等しくなったとき，液相内部の分子も外圧に打ちかって気化（すなわち沸騰）できるようになる．

3　沸騰すると液相内に気液表面が新たに形成される．つまり沸騰するためには，新しい気液表面をつくるためのエネルギーも必要になる．

4　表面張力のため，気泡が拡大するときには，元の気泡径が微小であるほど高い蒸気圧が必要となる．したがって，たとえ温度が沸点に達していても，気液表面の発生・拡大に見合う高い蒸気圧をもっていなければ液相内部から気化することなく，昇温を続ける．さらに加熱を継続すると，蒸気圧が十分高くなったところで急激に気化すなわち突沸する．液相に多孔質小片（沸石）を入れて予め微小気泡を出させるなどの対策をして，気液表面の発生・拡大に必要なエネルギーを下げると，突沸を防ぐことができる．

5　誤った記述である．表面張力，つまり分子間力が大きい液体では，突沸の可能性が高くなる．

[正解] 5

2) 相変化に伴う熱の移動

2相が平衡状態にあるとき，両相の化学ポテンシャルの微小変化量は等しく，$d\mu_1 = d\mu_2$ である．$d\mu = V_m dp - S_m dT$ であるので，$V_{m1} dp - S_{m1} dT = V_{m2} dp - S_{m2} dT$ となり，

$$\frac{dp}{dT} = \frac{S_{m2} - S_{m1}}{V_{m2} - V_{m1}} = \frac{\Delta S_m}{\Delta V_m} \tag{5.2}$$

が得られる．左辺は p-T 曲線の微分係数，すなわち接線の傾きを示し，これは相転移のモルエントロピー増分とモル体積増分の比で表されることを意味する（クラペイ

ロンの式).多くの物質では,固相,液相,気相の順に相変化すると,モルエントロピーとモル体積はともに増加する.よって式 (5.2) の右辺は正値となり,p-T 曲線は右上がりになる.しかし,氷の融解の場合にはモル体積は氷より水のほうが小さいので,ΔV_m は負となる.その結果,右辺は負になり,水の融解曲線は右下がりになる.

相変化に伴う吸熱量を考えるには,クラペイロンの式に $\Delta S_\mathrm{m} = \Delta H_\mathrm{m}/T$ を代入する.

$$\frac{\mathrm{d}p}{\mathrm{d}T} = \frac{\Delta S_\mathrm{m}}{\Delta V_\mathrm{m}} = \frac{\Delta H_\mathrm{m}}{T \Delta V_\mathrm{m}} \tag{5.3}$$

これをクラペイロン-クラウジウスの式という.式 (5.3) を特に気液平衡に適用する際,気相が理想気体である ($pV_\mathrm{m} = RT$, $n = 1$) ことを仮定し,蒸発過程では ΔH_m は蒸発エンタルピー (ΔH_vap) に相当することを考え合わせると,次式が得られる.

$$\frac{\mathrm{d}p}{\mathrm{d}T} = \frac{p \Delta H_\mathrm{vap}}{RT^2} \tag{5.4}$$

ここで,$\dfrac{\mathrm{d}p}{p} = \dfrac{\Delta H_\mathrm{vap}}{R} \cdot \dfrac{\mathrm{d}T}{T^2}$ と書きかえて両辺を積分すると,

$$\ln p = -\frac{\Delta H_\mathrm{vap}}{R} \times \frac{1}{T} + 定数 \tag{5.5}$$

が得られ,理想気体の蒸気圧の温度依存性を表す式が導かれる.ΔH_vap が一定とみなせるならば,蒸気圧曲線上の 2 点について上式を立てると ΔH_vap を求めることができる.

問題 5.7 相変化に関する次の記述のうち正しい記述の組合せはどれか.

A クラペイロン-クラウジウスの式は次式で表される.ただし,ΔS_m と ΔV_m はそれぞれモルエントロピーの増分とモル体積の増分である.

$$\frac{\mathrm{d}p}{\mathrm{d}T} = \frac{\Delta S_\mathrm{m}}{T \Delta V_\mathrm{m}}$$

B 昇華エントロピーを昇華時のモル体積増分で割った値は,昇華曲線を絶対温度で微分した値と一致する.

C 水の場合,融解曲線の傾きが負であるのは,融解過程が吸熱的であることによる.

D 水素結合などの比較的強い分子間相互作用がない液体の場合,

蒸気圧の温度依存性は，蒸発エンタルピーの大小に関わらずおよそ一定である．
E 一般に融解曲線の傾きが蒸発曲線の傾きより大きいのは，蒸発時の体積変化が大きいことと関係がある．
1 (A, B)　2 (B, D)　3 (A, E)　4 (B, E)　5 (C, D)

解説 A クラペイロン–クラウジウスの式 (5.3) は，相変化のエンタルピーを説明するものである．正しくは $dp/dT = \dfrac{\Delta H_m}{T \Delta V_m}$ である．

B 正しい．クラペイロンの式 (5.2) のとおり．

C 水の融解曲線の傾きが負であるのは，モル体積が氷より水のほうが小さいためである．

D 式 (5.5) より，蒸発エンタルピーが大きいと蒸気圧の温度依存性が増す．一方，水素結合などの比較的強い分子間相互作用がない液体では，蒸発エンタルピーと沸点の比（$\Delta H_{vap}/T = \Delta S_{vap}$）がほぼ一定である（トルートンの規則）．

E 正しい．一般に融解よりも蒸発のほうがモル体積の増分が著しく大きいので，蒸発曲線のほうが傾きが緩やかになる．式 (5.3) を参照．

正解　4

5.3 ◆ 相　律

到達目標　ギブズの相律について説明できる．

物質の相状態は，温度，圧力，組成などの示強性状態変数の値に応じて変化する．自由度 F とは，その時の相の数に影響を与えることなく，値を独立に決定できる示強性状態変数の数をいい，次式で表される．

$$F = C - P + 2 \tag{5.6}$$

この式はギブズの相律と呼ばれる．C は成分数，P は相の数をそれぞれ表す．例えば 1 成分 1 相系では，$C = 1$，$P = 1$ であるから $F = 2$ が得られる．これは，温度と圧

力のどちらの値もある範囲内において自由に決定できることに対応する．一方，1成分2相系（相図上の2相境界線上）では，$C = 1$, $P = 2$ であるから $F = 1$ となる．つまり，温度または圧力のどちらかの値を自由に決定できるが，相の数を $P = 2$ のまま保つことにすると残りの変数の値は自動的に決まってしまい，自由に変化させることはできない．1成分3相系（相図上の三重点）では $C = 1$, $P = 3$ であるから $F = 0$ となる．つまり，3相が共存する状態では自由に決定できる示強性状態変数はなく，どの変数も物質ごとに決められている値になる．

問題5.8 ギブズの相律に関する説明のうち，正しい記述はどれか．

1. 自由度とは，系の相状態を指定するために必要な，互いに独立な経路関数の数を表す．
2. 自由度 F は式 $F = P - C + 2$ で表される．ただし，P は相の数を，C は成分数をそれぞれ示す．
3. 純物質の水が気体であるとき自由度は2である．よって，温度や圧力をどのような値でも自由に設定できる．
4. 三重点で自由度がゼロであることは，三重点を人為的に変更できないことを意味する．
5. 1成分系状態図の昇華曲線上では，自由度はゼロである．

解説
1. 自由度とは，系の相状態を指定するために必要な，互いに独立な示強性状態関数（温度，圧力，組成）の数を表す．
2. $F = C - P + 2$．
3. 図5.2をみれば，温度や圧力の値に制限があり完全に任意ではないことがわかる．自由度の「自由」とは，変数に「好きな値を入れてよい」のではなく，変数を「変化させてもよい」ことを意味する．
4. 正しい．三重点は物質に固有であり人為的に変更できない．
5. 1成分の2相共存下では自由度は1である．昇華曲線上に限らず，融解曲線上や蒸発曲線上でも同様である．

正解 4

5.4 ◆ 相　図

到達目標　代表的な2成分系相図，3成分系相図について説明できる．

1) 2成分系の気液平衡（蒸気圧曲線と沸点曲線）

　蒸気圧の異なる2種類の揮発性物質を定温下で混合すると，溶液のモル分率に依存して蒸気圧が変化する．図5.3の圧力-組成図（左図）においては，純物質Aより純物質Bのほうが蒸気圧が高いので，Bのほうが揮発性が大きい．したがって，同じ圧力Pで比較すると，Bの含量は溶液（x_l）より蒸気（x_g）のほうが高いと判断できる．このようにして，液相線（蒸気圧曲線）と気相線が区別できる．ラウール則に近い挙動を示す場合には液相線は直線に近い．

　系全体の組成を表す点Cが気相線と液相線の間にあるとき，系は組成x_lの液相（点D）と組成x_gの気相（点E）の2相に分かれ，両相が共存して平衡状態にある．一方，系全体の組成と圧力を示す点が液相線より上側にあれば系は液相のみであり，気相線より下側にあれば系は気相のみである．

　同じ物質AとBを定圧下で混合すると，図5.3の温度-組成図（右図）のように，温度の変化に伴い相状態も変化する．この例では純物質Bのほうが揮発性が高いので，純物質Bのほうが沸点が低い．また，Bの含量は溶液（x_l）より蒸気（x_g）のほ

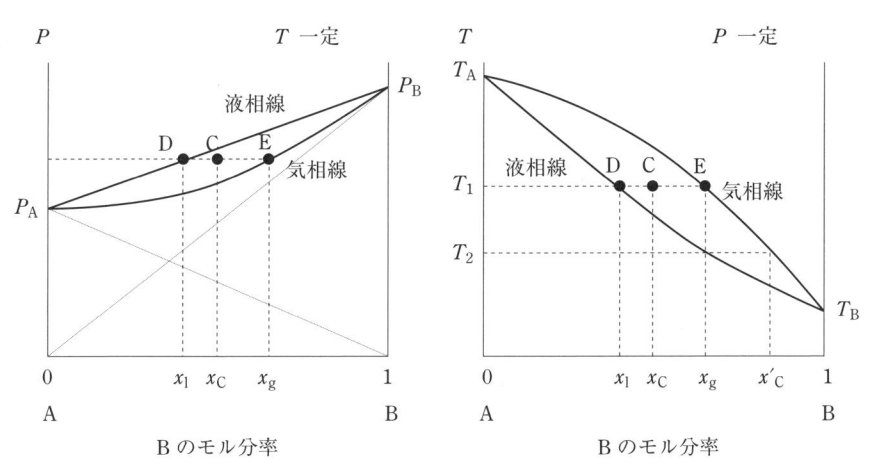

図5.3　2成分系の圧力-組成図（左）と温度-組成図（右）

68　5. 相平衡と相律

うが高い．上側の曲線は気相線，下側の曲線は液相線（沸点曲線）を表す．系が液相線より下側（低温側）にあれば単一の液相であり，気相線より上側（高温側）では系は単一の気相である．左図と同様に，両曲線の間の領域内で示される組成と温度の系（点 C）では，組成 x_l の液相（点 D）と組成 x_g の気相（点 E）が共存し，平衡状態にある．

点 D で組成が表されている液相の物質量（すなわちモル数）と，点 E で組成が表されている気相の物質量（すなわちモル数）の比は，線分 CE の長さ対線分 CD の長さ（つまり $x_g - x_C : x_C - x_l =$ 液相：気相）の比で表される．この性質は**てこの規則**と呼ばれ，いろいろな相図で成立する．

組成 x_g の蒸気を回収し，温度をその組成の沸点 T_2 にまで冷却する．そのとき得られる B の蒸気組成は x'_C にまで増加している．この操作を繰り返すと B のモル分率が増大していく．この技術を分留（分別蒸留）といい，揮発性物質の精製によく用いられる．

混合溶液の蒸気圧がラウール則から大きくずれるとき，図 5.4 のように，沸点曲線に極値が現れることがある．このような場合について考えてみよう．組成 x_1 で表される液相を加熱したのち，液相部分と気相部分を別々に分離・回収する．回収した液相部分について，再度加熱して液相を分離・回収し，これを繰り返せば，高沸点の物質 A が液相中に濃縮されていく．一方，分離・回収した気相を冷却・液化させたのち，再度この液体部分を加熱して気相部分を回収する．これを繰り返せば，すなわち分別

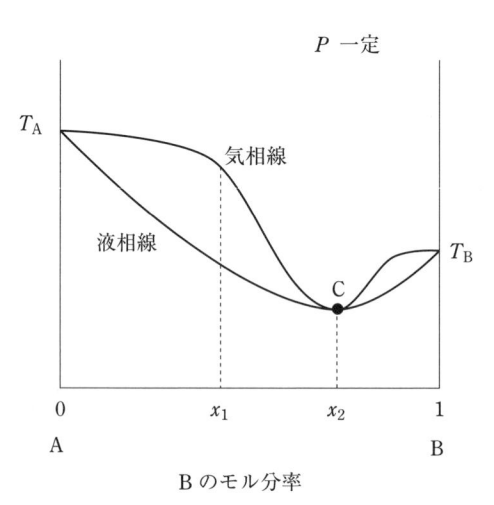

図 5.4　ラウールの法則から大きくずれるときの温度-組成図

蒸留を継続すると，低沸点の物質Bが濃縮されていく．しかし，何度蒸留しても組成x_2よりBの組成が増加することはない．この組成であらわされる混合物を共沸混合物という．例えば水とエタノールでは，エタノール約96%で極小沸点をもつ（蒸気圧曲線は極大値をとる）．

問題 5.9 ともに揮発性成分である成分Aと成分Bの気相-液相平衡が下の図で表されるとき，正しい記述はどれか．
1. 組成x_1の共沸混合物は理想溶液から考えられるよりも蒸気圧が高く，ラウールの法則から正のずれを示す．
2. 純物質Aよりも共沸混合物のほうが沸点が高いのは，主に沸点上昇のためである．
3. 点Pの状態にある系の温度をT_1にしたとき，気相の組成はx_4で，液相の組成はx_2である．
4. 点Pの状態にある系の温度をT_1にしたとき，液相と気相のモル比は線分の長さの比$\overline{RQ}:\overline{QS}$である．
5. 点Pの状態にある系を蒸留し，回収した蒸気をいったん液化した後に再度蒸留する．これを繰り返すと，蒸気は組成x_1に近づく．

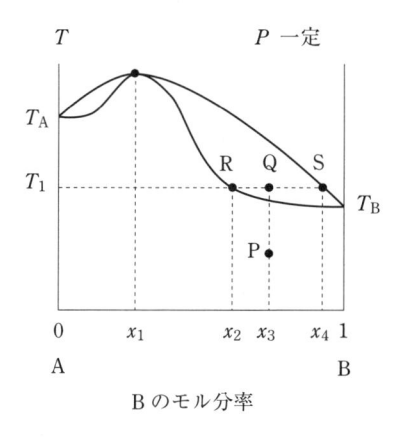

解　説 1 ラウールの法則より蒸気圧の高いときが正のずれ，低いときが負のずれである．ここでは沸点が上がっているので蒸気圧は下

がっている．蒸気圧と沸点の違いに注意．
2 共沸混合物のほうが沸点が高いのは，成分AどうしのA-A）の相互作用より成分A-B間の相互作用のほうが強いことによる．
3 正しい．点R，点Sはそれぞれ液相線上，気相線上にある．したがって，液相と気相の組成はそれぞれ x_2，x_4 である．
4 各相のモル比はてこの規則より，液相：気相 = $\overline{QS}$：$\overline{RQ}$ である．
5 気相を回収し蒸留を繰り返すと，純物質Bに近づく．

[正解] 3

2) 2成分系の液相-液相平衡（相互溶解度曲線）

液相-液相平衡を表す2成分系相図は，2種類の液体成分が混ざりあって1相となるか，あるいは混ざらずに2相となるかを示すので，相互溶解度曲線とも呼ばれる．多くの場合，一定圧力（多くの場合は1気圧）として相図を描くので，示強性状態関数としての温度，圧力，組成のうち，組成と温度に着目することになり，自由度は1つ減るので $F = C - P + 1$ で表される．組成はモル分率のみならず，質量百分率などでも表記されることがある．

図5.5にフェノールと水の相互溶解度曲線を示す．フェノールは疎水性物質であるが，温度 T_1 ではフェノール濃度が x_1 %と少量ながら水に溶ける．図の右側において

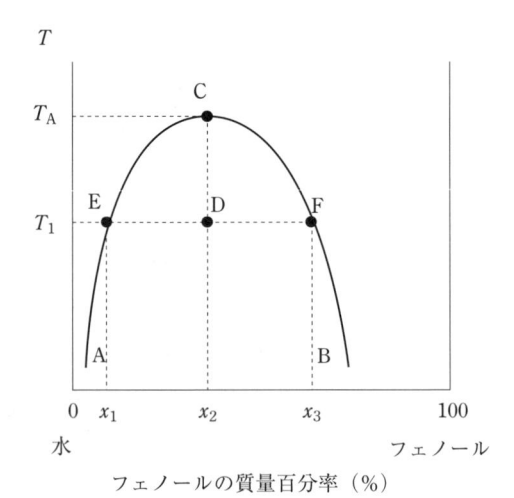

図5.5 2成分系の相互溶解度曲線

も同様に，フェノール濃度が x_3 ％以上では（つまり水の濃度が $(100 - x_3)$ ％未満と少量であれば），水はフェノールに溶けることを示している．すなわち，曲線 AEC が水に対するフェノールの溶解性を表し，曲線 BFC がフェノールに対する水の溶解性を表す．組成 x_2 の混合物を温度 T_1（点 D）まで上昇させると，フェノール組成が x_1 と x_3 の 2 相に分離し，その量比はてこの規則で求めることができる．

点 C より高温では，フェノールと水は分離せず均一な 1 相になる．この温度を上部臨界溶解温度という．高温で 1 相となりうるこの現象は，分子運動が激しく 1 相化したほうがエントロピー的に有利となるためである．

トリエチルアミンと水のように，低温で 1 相となる場合もある．このとき図 5.5 の点 C（温度 T_A）に相当して，2 相分離をひき起こす低温側の限界温度のことを下部臨界溶解温度という．低温側で混合可能となるのは，錯形成など高温時には熱運動のため形成されにくい相互作用が低温時に形成されることによる．臨界溶解温度を上部と下部にそれぞれもつ場合もある．

問題 5.10 液相-液相平衡を表す次の 2 成分系相図に関し，正しい記述はどれか．ただし，密度は成分 A ＞成分 B とする．

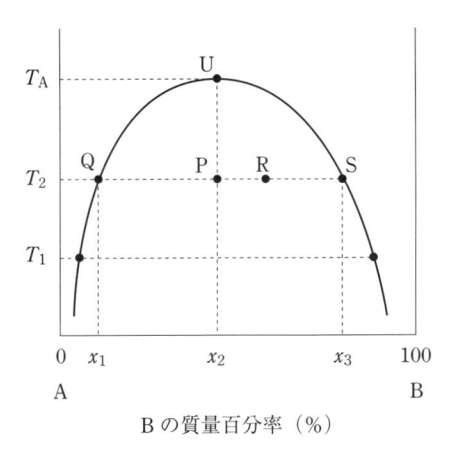

1 温度 T_A は上部臨界溶解温度と呼ばれ，これより高温では成分 A と成分 B は 2 相に分離する．
2 曲線より下側の領域では自由度が 2 である．
3 点 P の混合物を 2 相に分離させるとき，温度 T_2 で分離させる

ほうが温度 T_1 で分離させるよりも上層中の成分 B の含量が大きい．
4　点 R の混合物を等温下で 2 相に分離させるとき，組成 x_1 の相と組成 x_3 の相に分離する．
5　温度 T_1 において，成分 B に対する成分 A の溶解度は $100 - x_3$ ％より大きい．

解説　1　上部臨界溶解温度以上では分子運動が激しくなり 1 相になる．
2　曲線 QUS より下側の領域では $F = 2 - 2 + 1 = 1$ である．つまり，温度を決めると両相組成が決まり，どちらか一方の相の組成を決めるともう 1 つの相の組成と温度が決まる．
3　密度は成分 A ＞成分 B であるから，B の含量が多いほうが上層になる．温度が T_2 のときでは，上層は点 S で下層が点 Q である．図より，温度を T_2 よりも T_1 とするほうが，上層の B の含量が増える．
4　正しい．線分 QS 上のどの点であっても，等温下で 2 相分離させると組成 x_1 の下層と組成 x_3 の上層に分離する．両層のモル比は，てこの規則より，上層：下層 ＝ $\overline{\text{QR}}$：$\overline{\text{RS}}$ である．
5　温度 T_2 のとき，A の溶解度は $(100 - x_3)$ ％である．図より，温度を T_1 に下げると A の溶解度はさらに小さくなる．

正解　4

3）2 成分系の固液平衡（融点図）

　液相中では 2 成分が均一に混合しているが，固相中では均一でないことも多い．固相中でも均一になる場合は合金などにおいてみられ，固溶体と呼ばれる．この場合の相図は，図 5.3（温度‐組成図）において気相を液相，液相を固相とそれぞれ読み替えることにより，同様に考えることができる（沸点曲線は同様に融解曲線となる）．

　これに対し，2 成分が互いに固相中で混ざり合わなければ，それぞれの成分は純物質として凝固する（図 5.6 の左図）．点 C のように，両成分のモル分率に大きな差があり溶媒と溶質に区別できるとき，これを点 D まで冷却すると凝固点の高低に関わらず溶媒成分 A から先に凝固し（点 E），溶液（点 F）と平衡になる．これは，希薄

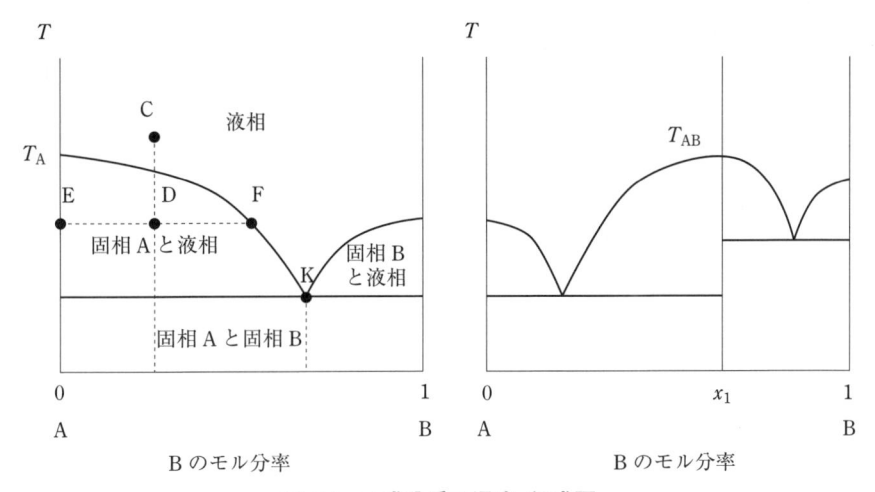

図5.6 2成分系の温度-組成図

な溶質Bの分子どうしが溶液中で集合し，溶媒Aよりも先に優先的に結晶化することは起こりにくいためである（ただし溶解度が十分高いときに限る）．固相と液相の量比は線分EDFに着目し，てこの規則で求められる．

溶媒が凝固し始めると，液相中の溶媒量が減少するため溶質濃度が次第に増加する．したがって，液相の凝固点が降下し，溶液の組成は点Kに近づく．両方向からの融解曲線が交わる点Kの組成および温度で，液相とAの固相，Bの固相の3相が共存する．この組成の混合物を共融混合物といい，その温度を共融点という．固液平衡の場合も圧力を一定（多くの場合は大気圧）とし，圧力を自由度から除いて考える（$F = C - P + 1$）ので，点Kにおける自由度は$F = 2 - 3 + 1 = 0$となる．さらに冷却すると液相はなくなり，両成分（AとB）の純物質の固相のみとなる．

複数の成分を特定の比率で含むときに，分子化合物と呼ばれる安定な化合物を形成することがある．このような場合，各成分と分子化合物の相図を2つ連結した相図で全体の相変化を考えることができる（図5.6の右図）．組成x_1の分子化合物を昇温させると温度T_{AB}のときに融解し，生じる液相の組成も分子化合物の組成x_1に一致している．この温度T_{AB}を，分子化合物の調和融点という．固相の分子化合物が熱に対して不安定な場合には，本来の調和融点に至る前に加熱により固相が各成分に熱分解するとともに，液相が生成（つまり融解）する．このとき生じる固液両相の組成はどちらも分子化合物の組成ではない．このような分解（融解）が生じる温度を，非調和融点という．

問題 5.11 固相-液相平衡を表す下記の 2 成分系相図に関し，正しい記述はどれか．

1. 成分 A と成分 B は固溶体を形成する．
2. 曲線 QRS で示される温度が B の含量とともに低下するのは，凝固点降下のためである．
3. 点 S の組成の物質は共融混合物と呼ばれ，点 S では自由度は 1 である．
4. 純物質では成分 A のほうが成分 B より融点が高いので，点 U の液相を温度 T_1 まで冷却するとき，析出する固相は A である．
5. 点 P にある全 4 モルの液相を温度 T_2 まで冷却するとき，析出する固相は A が 2 モルで，液相は A：B ＝ 0.8 モル：1.2 モルである．

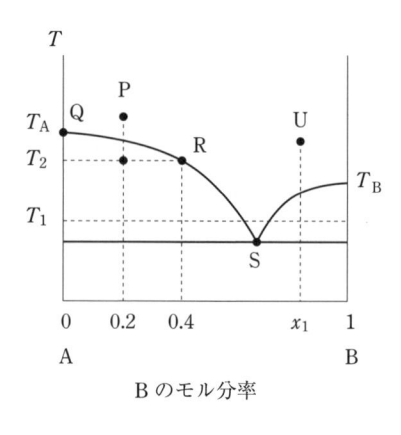

解説

1. 合金のように任意の混合比でできた固体を固溶体という．この図の場合，両成分は固溶体を形成せず，固相中では純物質 A と B に分離している．
2. 正しい．混合により凝固点が下がっているので凝固点降下である．
3. この図では自由度から圧力を除く．点 S では $C = 2$, $P = 3$ より $F = 0$ である．

4 析出するのは純物質Bである.
5 固相はAが2モルで,液相はA：B = 1.2モル：0.8モルである.

正解 2

問題 5.12 固相-液相平衡を表す下記の2成分系相図で,ある組成の固相を加熱したとき,温度とエンタルピーの関係は右図のようになった.系の組成は次のうちどれか.ただし,各相の熱容量は一定とし,両グラフの縦軸の目盛りは一致しているものとする.

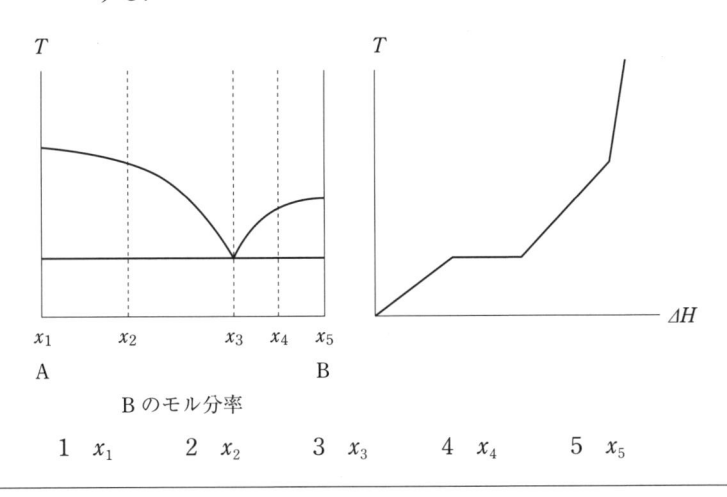

1 x_1 2 x_2 3 x_3 4 x_4 5 x_5

解説 グラフが水平になるまでは両成分が固相のまま加熱されており,グラフが水平になったときに,共融温度で共融混合物の融解が始まる.水平線が終わるとき,共融混合物の融解は終了する.これ以上の温度上昇とともに,固相と液相の共存下で徐々に固相を融かしつつ,系の温度が上っていく.x_2の固・液境界の温度で右図に折れ目がみられる.この温度以上で傾斜が急になることより,固相が消失したといえる.したがって求める答は2である.

正解 2

5. 相平衡と相律

問題 5.13 固相-液相平衡を表す次の 2 成分系相図に関し，正しい記述はどれか．

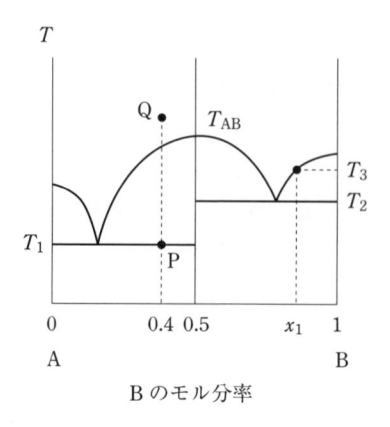

[図：横軸 B のモル分率（0 〜 1，A 〜 B），縦軸 T．点 Q は約 0.4 付近上方，T_{AB} は上部のピーク，点 P は 0.5 付近で T_1 の水平線上，x_1 の位置に T_3 と T_2 の水平線]

1. 点 P では，系は A：B ＝ 3：2 の混合物として存在している．
2. 分子化合物の固相は成分 A の固相より不安定である．
3. 温度 T_1 と T_2 の平均温度は調和融点と呼ばれる．
4. 点 Q の状態の系を温度 T_1 以下に冷却して固化させると，成分 A と B の共晶が析出する．
5. 組成 x_1 の共晶を加熱すると，温度 T_3 のときに融解が始まる．

解説

1. 正しい．含量比は A：B ＝ 3：2 だが，組成は A：分子化合物 ＝ 1：4 である．分子化合物は混合物ではなく純物質である．
2. 分子化合物のほうが融点が高いので安定である．
3. 純物質としての分子化合物が熱分解することなく融解するとき，生じた液相の組成は固相の組成と一致する．その融点を調和融点という．
4. 温度 T_1 以下のとき，成分 A と分子化合物はそれぞれ純物質として析出する．固相が巨視的に均一であるようにみえるとき，その固相は A と分子化合物の共晶と呼ばれる．
5. 組成 x_1 の共晶を加熱すると温度 T_2 のときに融解が始まり，その時に生じる液相の組成は共融混合物の組成である．逆に組成

x_1 の液相を冷却すると，凝固は温度 T_3 のときに始まる．このように，混合物では融点と凝固点は一般には一致しない（共融混合物では一致する）．

正解　1

4）3成分系相図

3成分混合系の相図は，温度および圧力を一定とし，各成分の組成を三角座標で表すことが多い（図5.7）．正三角形の頂点は各成分の純物質を示し，任意の点から各頂点の対辺へ下ろした垂線の長さの比が各成分の混合比を表す．組成をモル分率で表すときにはモル比が，組成を質量分率で表すときには質量比が得られる．AとC，BとCは自由に混ざりあうがAとBは自由には混ざり合わないとき，曲線EGFより下側の領域の組成をもつ系（点D）は2相に分離する．分離した一方の相の組成がEで表されるとき，他方の相の組成は直線EDと曲線EGFのもう1つの交点Fで表される．この線分を連結線 tie line あるいは平衡連結線といい，量比についててこの規則が成立する．連結線の中点の軌跡をCの組成を増加させる方向にたどると，次第に連結線は短縮し，最終的に曲線EGF上の一点（点G）に収束する．この点をプレート点と呼び，この点を境に1相となる．

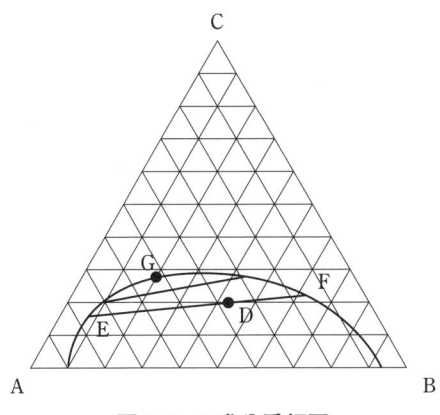

図5.7　3成分系相図

問題 5.14 成分Aと成分Bは混ざりにくいが，成分Cを加えるとよく混ざるとき，質量百分率で表記された次の相図に関し，正しい記述はどれか．

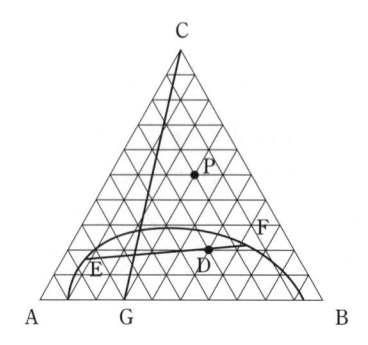

1 この図を作成するときは，圧力は一定であるが温度は変えてもよい．
2 組成がA:B:C = 2:3:5の系（点P）は2相に分離している．
3 点Dであらわされる組成となるようにA，B，Cを混合したところ，2相に分離した．そのとき，点Eで組成が表される系の質量と点Fで組成が表される系の質量の比は，[EDの長さ]：[DFの長さ]である．
4 点Eと点Fを結ぶ線分は連結線であり，その中点が点Eおよび点Fと一致するとき，その点はプレート点である．
5 AとBの混合比が3:7である液相にCを加えていくと，相図上で系を表す点は点Gから頂点Cに向かって直線的に移動する．

解説 1 3成分の液相-液相平衡図では，圧力および温度一定として表示する．
2 曲線より下側では2相，曲線より上側では1相となっている．したがって，点Pでは系は1相である．

3　てこの規則に従う．点Eの系の質量：点Fの系の質量＝DFの長さ：EDの長さである．
4　正しい．2相分離した点Eと点Fの組成を互いに近づけていくと，最終的には連結線は消失し点Eと点Fは一点に収束する．この点がプレート点である．
5　図の点GはA：B＝7：3である．これに成分Cを加えると，系の組成を表す点は点Gから頂点Cに向かって直線的に移動する．GC線上においては，Cの含量にかかわりなくA：Bの組成比は7：3に維持される．

[正解]　4

◆ 確認問題 ◆

次の文の正誤を判別し，○×で答えよ．

□□□ 1　ファンデルワールスの状態方程式では，分子間相互作用と排除体積の寄与が圧力項と体積項の中でそれぞれ補正されている．

□□□ 2　水の状態図で融解曲線が右下がりであるのは，氷より水のほうがモル体積が小さいからである．

□□□ 3　定圧下で1成分系を加熱するとき，固相と液相，液相と気相の化学ポテンシャルが等しくなるときの温度が，それぞれ融点，沸点である．

□□□ 4　ギブズの相律では，自由度 F は式 $F = C - P + 2$ で表される．

□□□ 5　クラペイロン-クラウジウスの式は1成分系状態図の勾配を示し，

$$\frac{dp}{dT} = \frac{\Delta S_m}{\Delta V_m} = \frac{\Delta H_m}{T \Delta V_m}$$

で表される．

□□□ 6　2成分系の蒸気圧平衡では，多くの場合，液相組成と気相組成とが異なるが，共沸混合組成では両相中の組成は一致する．

□□□ 7　水とフェノールは上部臨界溶解温度以上では自由に混ざり合い，1相の溶液となる．

□□□ 8　氷に塩化ナトリウムを加えると，氷が融け吸熱する．この現象は凝固点が下がることによるものである．

□□□ 9　共融混合物の温度が共融点であるとき，それぞれの成分の固相と共融組

成の液相が共存し，自由度は $F = 0$ である．

☐☐☐ **10** 純物質では融点と凝固点が一致するが，共融組成以外の混合物では融点と凝固点は一般には一致しない．

正　解

1（○）
2（○）
3（○）
4（○）
5（○）
6（○）
7（○）
8（○）
9（○）
10（○）

6 溶解現象

6.1 ◆ 溶解平衡

到達目標 物質の溶解平衡，溶解の熱力学，溶解性に影響を与える因子について説明できる．

1) 溶解と溶解性

溶解とは，液体（溶媒）に固体，液体または気体（溶質）が溶けて均一な混合物（溶液）になる現象である．物質が溶解できる限度を溶解度という．溶解度は溶媒 100 g 当たりの溶質の質量，溶液 1 L 当たりの溶質の物質量などで表す．

溶解性は溶解平衡と溶解速度の両面に関わる概念である．溶解度が高く，溶解速度が大であるほど，その物質の溶解性は高い．水への溶解性は水溶性と呼ばれる．

2) 溶媒和

溶媒和とは，溶液中で溶質分子（あるいはイオン）が溶媒分子と結合する現象，あるいは溶質によって溶媒の状態が変化する現象である．溶媒が水のときの溶媒和を水和という．

極性物質や電解質の水への溶解では双極子-双極子相互作用やイオン-双極子相互作用による「親水性水和」が，無極性物質の溶解では溶質分子の周囲の水が構造性の高い状態（氷様構造）になる「疎水性水和」がそれぞれ起こる．図 6.1 に親水性水和と疎水性水和の様子を模式的に示す．

3) 水和の熱力学

溶解に伴うギブズ自由エネルギーの変化量 $\varDelta G = \varDelta H - T\varDelta S$ が負の値ならば，溶解の過程は自発的に起こる．溶媒分子と溶質分子の相互作用が強ければ（発熱過程，$\varDelta H < 0$），溶媒和によって構造性も高まりやすいので（$\varDelta S < 0$），概して $\varDelta H$ と $\varDelta S$ は同符号をとる傾向がある（$\varDelta G = \varDelta H - T\varDelta S < 0$ となれば自発的に進行するので，

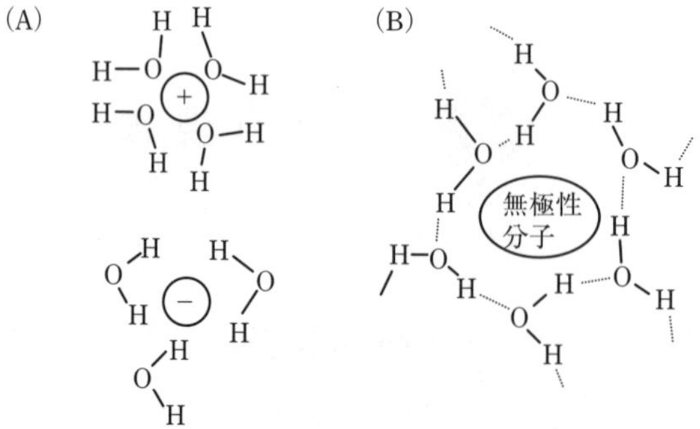

図 6.1　親水性水和 (A) と疎水性水和 (B)
(A) カチオン⊕に対しては水分子のO（酸素）が配向し，アニオン⊖に対しては水分子のH（水素）が配向する．
(B) H₂O 分子間の水素結合の形成が促進される．無極性分子（溶質）と溶媒のH₂O 分子との間には直接の結合はない．

次の3通りの場合が考えられる．(i) $\Delta H < T\Delta S < 0$，(ii) $\Delta H < 0 < T\Delta S$，(iii) $0 < \Delta H < T\Delta S$．上の例は (i) の場合である）．

4) 溶解度積

難溶性塩 $M_m X_n$ の一部が水に溶解し平衡（飽和）に達したとする．このとき，式 (6.1) で表される K_{sp} を溶解度積という．

$$K_{sp} = [M^{n+}]^m [X^{m-}]^n \tag{6.1}$$

ここで，$[M^{n+}]$ および $[X^{m-}]$ は，それぞれ M^{n+} イオンと X^{m-} イオンのモル濃度である．K_{sp} は，物質の種類と温度によって決まる平衡定数である（厳密にいえば，濃度ではなく，熱力学的な活量で表したときに定数になる）．

5) 溶解性に対する溶質の状態の影響

より不安定な状態にあるほど，その物質の溶解性は高い．結晶よりも無定形（非晶質）のほうが，安定形よりも準安定形のほうが，大粒子よりも小粒子のほうが，水和物よりも無水物のほうが，それぞれ溶解性が高い．無水物は水に対して発熱的に溶解するのに対して，水和物は吸熱的に溶解することが多い．

6) 溶解性に対する溶媒の物性および添加物の影響

電解質の溶解性は，溶媒の誘電率が高いほど一般的に高くなる．酸または塩基の添

加によるpHの変化は，プロトン化やヒドロキソ錯体生成などを通じて物質の溶解性に影響を与える．例えば溶質が弱酸であるとき，pHが高くなるほど電離が進行してイオンが生成するので，その溶解性は高くなる．難溶性塩では，共通イオンを含む他の電解質を添加すると，難溶性塩のK_{sp}は一定なのでその平衡が沈殿生成の方向へと移動する．すなわち，難溶性塩の溶解性が低下する．これを**共通イオン効果**という．

7) 溶解性に対する温度の影響

多くの電解質では水への溶解は吸熱過程であるため，温度の上昇とともにその溶解度も上昇する．しかし，NaClの溶解のように温度依存性がほとんど見られない電解質や，$CaSO_4$やNa_2SO_4のようにある温度以上では溶解度が低下する電解質もある．

問題 6.1 水への溶解に関する次の記述のうち，正しいものはどれか．

1 水和数は，溶質の種類によって決まる固有の値である．
2 水に極性物質が溶解したとき，その周囲に構造性の高い水の領域が形成される．
3 極性物質は主として水分子との双極子−双極子相互作用あるいはイオン−双極子相互作用によって溶解する．
4 水中で疎水性物質が疎水性相互作用によって結合することを疎水性水和という．
5 疎水性相互作用の主たる原因は，疎水性分子どうしの結合による凝集熱の発生と，これによる安定化である．

解説
1 水和数は溶質に固有の値ではなく，測定方法にも依存する．測定値に反映される水和現象が，測定方法によって異なるためである．
2 水に疎水性物質が溶解したとき，溶質の周囲に構造性の高い水の領域ができる（疎水性水和）．極性物質の場合には，その分子のまわりに水分子が配向する．
3 正しい．6.1の2）の説明を参照．
4 疎水性水和とは，水溶液中で疎水性分子，疎水基をもつイオン，あるいは弱い電荷をもつかさ高いイオンの周囲の水が，水分子

84　6. 溶解現象

間の水素結合により構造性の高い状態になることである.
5　疎水性相互作用は, 疎水性分子（または疎水性基）が集合することにより, 水分子との接触面積が減り, この結果, 疎水性分子の周囲を取りまく水構造が崩壊してエントロピーが増大することに起因する.

正解　3

問題 6.2　溶解に伴うギブズ自由エネルギーの変化量 $\Delta G = \Delta H - T\Delta S$ に関する次の記述のうち, 正しいものはどれか.
1　ΔG が極小値をとるとき, 溶解は自発的過程となる.
2　一般的に, ΔH と ΔS は異符号をとる傾向がある.
3　溶媒分子間や溶質分子間よりも溶媒-溶質分子間の相互作用のほうが大きいときに, $\Delta H > 0$ となる.
4　疎水性水和においては, エントロピー変化は $\Delta S < 0$ である.
5　温度 T が上昇すると $T\Delta S$ がより大きくなるため, ΔG はより負となり, 物質の溶解性が高まる.

解説　1　ΔG が負の値をとるとき, 溶解は自発的過程となり, G が極小になったときに平衡状態に達する.
2　ΔH と ΔS は同符号をとる傾向がある. 6.1 の 3) の説明を参照のこと.
3　エンタルピー変化は $\Delta H < 0$（発熱過程）となる.
4　正しい. 溶質の周囲の水が構造性の高い領域を形成するため, エントロピーが減少する.
5　ΔG は ΔH や ΔS の大きさや符号にも依存しており, 一般的にいえば温度 T だけで決まるものではない. なお, 溶解が吸熱過程の場合（$\Delta H > 0$）には, 温度上昇とともに溶解度も上昇する.

正解　4

6.1 溶解平衡

問題 6.3 難溶性塩 MX_2 が水中で $MX_2 \rightleftharpoons M^{2+} + 2X^-$ という平衡状態にあるとき，以下の記述の中で正しいものはどれか．ただし，M^{2+} および X^- の濃度をそれぞれ $[M^{2+}]$ および $[X^-]$ とする．

1. 溶解度 C_s（単位：mol/L）は，$C_s = ([M^{2+}] + 2[X^-])/2$ と表される．
2. MX_2 の溶解度積 K_{sp} は，$K_{sp} = [M^{2+}](2[X^-])$ と表される．
3. MX_2 の溶解度積 K_{sp} は，$K_{sp} = (4[M^{2+}] + [X^-])/2$ と表される．
4. 溶解度 C_s と溶解度積 K_{sp} との関係は，$C_s = 4K_{sp}{}^3$ である．
5. 溶解度 C_s と溶解度積 K_{sp} との関係は，$C_s = (K_{sp}/4)^{1/3}$ である．

解説
1. $C_s = [M^{2+}] = [X^-]/2$ である．
2. $K_{sp} = [M^{2+}][X^-]^2$ である．
3. 同上．$(4[M^{2+}] + [X^-])/2$ はイオン強度に相当する．
4. $K_{sp} = 4C_s{}^3$ である．
5. 正しい．$K_{sp} = [M^{2+}][X^-]^2 = C_s(2C_s)^2 = 4C_s{}^3$．ゆえに，$C_s = (K_{sp}/4)^{1/3}$．

[正解] 5

問題 6.4 固体の物質の溶解性に影響を与える因子について，次の記述のうち正しいものはどれか．

1. 同一物質の場合，小さな粒子より大きな粒子のほうが溶解性が高い．
2. 無定形インスリン亜鉛より結晶性インスリン亜鉛のほうが，溶解性が高い．
3. カフェイン水和物より無水カフェインのほうが，溶解性が高い．
4. 一般的にいえば，溶媒の誘電率が低いほど電解質は溶解しやすくなる．
5. 薬物が弱酸であるとき，その溶解性は pH が高くなるほど低下する．

解説 1 より不安定な状態(より高いギブズ自由エネルギーをもつ状態)にある固体のほうが,溶解性が高い.固体の表面は内部より過剰なエネルギーをもっている.単位面積当たりの表面過剰エネルギーを表面張力ともいう.粒子径が小さいほうが内部に対する表面の割合が大きくなるので,溶解性は高い.この関係は次のオストワルド-フロイントリッヒの式で表される.

$$RT \ln\left(\frac{C_{s,r}}{C_{s,\infty}}\right) = \frac{2\gamma V_m}{r} = \frac{2\gamma M}{\rho r} \quad (>0)$$

ここで$C_{s,r}$は半径rの微粒子の溶解度,$C_{s,\infty}$は$r=\infty$の粒子の溶解度(普通にいうところの溶解度),V_mは試料(溶質)のモル体積,γは試料粒子の表面張力(表面過剰エネルギー),Mはモル質量,ρは密度である.ここで$V_m = M/\rho$の関係にある.

2 物質が無定形(非晶質)の状態にあるときのほうが,結晶状態にあるときより不安定であり,溶解性が高い.

3 正しい.水和物(含水塩)は固体状態ですでに水和した状態にあり,無水物より安定である.

4 誘電率が高いほど電場が緩和され,イオン間のクーロン相互作用の低下によって電解質は電離しやすくなる.したがって溶媒の誘電率が高いほど,電解質は概して溶解しやすい.ただし,溶媒分子と溶質分子との間の電子対の授受(ルイス酸・塩基としての性質)など他の相互作用もあるので,誘電率だけで溶解性が決定されるわけではない.

5 pHが高くなるほど電離が進行し,溶解性は高まる.6.1の6)の説明を参照のこと.

正解 3

6.2 ◆ 溶解速度

到達目標 溶解の速度式について説明できる.

1) 固体物質の溶解過程

固体物質の溶解は,固体表面から分子あるいはイオンが液相へと離脱する過程と,

離脱した粒子が溶液内部へと拡散していく過程とに分けられる．前者が律速の場合を界面反応律速による溶解，後者が律速の場合を拡散律速による溶解という．医薬品の溶解は拡散律速である場合が多い．

2) 拡散律速による溶解に対する速度式

固液界面に飽和層（薬物濃度 C_s）が形成され，薬物はここから溶液内部（薬物濃度 C）へと拡散していくとする．そのとき，次の関係が成り立っている．

① ノイエス・ホイットニーの式

式（6.2）をノイエス・ホイットニーの式という．この式では，薬物の溶解速度 dC/dt は，薬物の表面積 S と飽和層と溶液内部との濃度差 $(C_s - C)$ の積に比例すると考える．ここで，比例定数 k はみかけの溶解速度定数でもある．

$$\frac{dC}{dt} = kS(C_s - C) \tag{6.2}$$

式（6.2）を積分し，初濃度を 0 とすると，次の式（6.3）が導かれる．

$$\ln(C_s - C) = \ln C_s - kSt \tag{6.3}$$

② ネルンスト・ノイエス・ホイットニーの式

飽和層と溶液内部との間に，一定の濃度勾配をもつ厚さ h の拡散層があると想定する．拡散に関するフィックの第一法則を適用すると，次のネルンスト・ノイエス・ホイットニーの式が得られる．ここで，D は拡散係数，V は溶液の体積である．

$$\frac{dC}{dt} = \frac{SD}{hV}(C_s - C) \tag{6.4}$$

この式は，式（6.2）において $k = D/hV$ とした式である．

③ ヒクソン・クロウエルの立方根則

単分散系（粒子径が均一）でシンク条件 $(C_s \gg C)$ が成立するとき，式（6.4）から次のヒクソン・クロウエルの立方根則が導かれる．

$$\sqrt[3]{w_0} - \sqrt[3]{w_t} = \left(\frac{\pi\rho}{6}\right)^{1/3}\left(\frac{2DC_s}{h\rho}\right)t = \alpha t \tag{6.5}$$

ここで，w_0 および w_t は，それぞれ時間 0 および t における未溶解薬物（固体）の質量，ρ は固体薬物の密度，α は比例係数である．

6. 溶解現象

問題 6.5 ノイエス・ホイットニーの式 $\dfrac{dC}{dt} = kS(C_s - C)$ に関する以下の記述のうち，正しいものはどれか．ここで dC/dt は溶解速度，k はみかけの溶解速度定数，S は固体の表面積，C_s は固体の溶解度，C は溶液の濃度を，それぞれ表しているとする．

1. この式は界面反応律速の溶解に対して導かれた式である．
2. S がほぼ一定の条件で測定を行い，$\ln(C_s - C)$ を t に対してプロットすると，その傾きより k が求められる．
3. k を求めるためには，粒子径のそろった粉末を用いて測定を行わなければならない．
4. k を求めるためには，シンク条件（$C_s \gg C$）を満たさなければならない．
5. この式によると，溶解速度は S や C_s に依存しており，温度には無関係である．

解説
1. 拡散律速に対する式である．
2. 正しい．式 (6.2) を参照．
3. 粉末では溶解の進行とともに S が減少する．S がほぼ一定とみなせる条件で測定を行うために，粉末を円盤状に圧縮成形したものが用いられる（回転円盤法）．
4. シンク条件を満たす必要はない．なお，シンク条件は，薬物の溶解初期や溶解した薬物が直ちに吸収される場合（あるいは系から直ちに消滅する場合）に成立する．
5. 一般的に溶解度 C_s が温度によって変化するため，溶解速度は温度にも依存する．そのため溶解の実験に際しては，温度を一定に保つために恒温槽が必要である．

正解　2

6.2 溶解速度

問題 6.6 固体薬物の溶解が拡散律速で進行するとき，次式が成立する．この式に関する以下の記述のうち，正しいものはどれか．（t：時間，C：時刻tにおける薬物濃度，S：薬物の表面積，D：拡散層中の薬物拡散係数，h：拡散層の厚さ，V：溶媒の体積，C_s：薬物の溶解度）

$$\frac{dC}{dt} = \frac{SD}{hV}(C_s - C)$$

1 拡散係数Dは溶媒の温度に無関係である．
2 固体薬物を粉砕すれば，溶解速度はより大になる．
3 溶媒の粘度が増大すると，溶解速度はより大になる．
4 薬物濃度は固体薬物表面近くでは急激に減少し，そこから離れるほどゆるやかに減少すると仮定している．
5 溶媒の体積を増すとより多くの固体薬物が溶けるので，溶解速度は大となる．

解説

1 この式はネルンスト・ノイエス・ホイットニーの式である．温度が上昇すれば拡散係数Dは大きくなる．
2 正しい．粉砕により表面積Sが大きくなる．
3 粘度が増大するとDが小さくなるので，溶解速度は減少する．
4 拡散層における薬物の濃度勾配は一定である（すなわち，薬物濃度は薬物固体表面からの距離とともに直線的に減少する）という仮定のもとで導かれている．
5 溶媒の体積が大きいほうが，溶解平衡に達するまでに溶ける薬物の量（溶解薬物の総量，すなわち$C_s \times V$）は大となる．溶解速度（濃度の増加速度dC/dt）はVが大きくなるため減少する．

正解 2

◆ 確認問題 ◆

次の文の正誤を判別し，○×で答えよ．

□□□ **1** 界面活性剤のミセル形成には疎水性相互作用が密接に関わっている．

□□□ **2** 溶媒-溶質分子間の相互作用が溶媒分子間や溶質分子間の相互作用よりも大きい場合は，溶媒和が高まるのでΔSは正になる．

□□□ **3** 溶質が弱塩基であるとき，溶液のpHを上昇するとその溶解性が低下する．

□□□ **4** AgClの飽和水溶液にKClを添加すると，AgClの溶解性が低下する．

□□□ **5** 難溶性塩の一部が水に溶けてイオンになり，これがさらにプロトン化したり錯体を形成したりすると，難溶性塩の溶解度積が変化する．

□□□ **6** Na_2SO_4などの電解質において，ある温度以上では水溶性が低下するのは，主として水の構造変化が原因である．

□□□ **7** 飽和層と溶液内部との間に拡散層を想定し，ノイエス・ホイットニーの式に拡散に関するフィックの第一法則を適用すると，ネルンスト・ノイエス・ホイットニーの式が得られる．

□□□ **8** ヒクソン・クロウエルの立方根則は，粒子径のそろった粉体の薬物の溶解に適用できる．

□□□ **9** ヒクソン・クロウエルの立方根則では，時刻0とtにおける未溶解薬物の表面積の立方根の差が時間に対して直線関係にあるというものである．

正 解

1（○）界面活性剤の疎水基部分が疎水性相互作用により集合しようとする．

2（×）溶媒和が高まりやすいが，この場合ΔSは負である．

3（○）pHが上昇（水酸化物イオン濃度が増大）すると，弱塩基の電離が抑制され，溶解性が低下する．

4（○）共通イオン効果である．$K_{sp}=[Ag^+][Cl^-]$は一定であるため，KClからもCl^-が供給され$[Cl^-]$が増大すると，$Ag^+ + Cl^- \longrightarrow AgCl$の方向に平衡が移動する．

5（×）プロトン化や錯体生成は難溶性塩の溶解性に影響を与えるが，溶解度積は一定に保たれる．

6（×）水の構造の変化ではなく，主として，溶液中のイオンと平衡状態にある安

定相が，ある温度を境に変化するためである．硫酸ナトリウムでは，32℃以下では水和物（$Na_2SO_4 \cdot 10H_2O$）が安定相であり，それ以上の温度では無水塩（Na_2SO_4）が安定相である．無水硫酸ナトリウムの溶解は，水和熱の発生により発熱過程となり，その溶解度は温度とともに低下する．

7（○） 拡散層において薬物濃度が直線的に減少すると仮定し，ノイエス・ホイットニーの式に拡散に関するフィックの第一法則を適用すると，ネルンスト・ノイエス・ホイットニーの式が得られる．

8（○） 単分散系（粒子径が均一）に適用するのが望しい．

9（×） 表面積の立方根ではなく，質量の立方根である．なお，粒子1個の質量とその体積が比例関係にある場合には，質量wの代わりに体積vを用いても直線関係が成り立つ．（理由：粒子の質量wは密度ρと粒子体積vの積で表されるので，wとvとは比例関係にある．）

7 水溶液

7.1 ◆ 水溶液の熱力学と束一的性質

到達目標 溶液の熱力学と束一的性質について説明できる．

1) ラウールの法則と理想溶液

AとBからなる溶液を考える．ラウールの法則は，Aの蒸気圧 p_A が溶液中のそのモル分率 x_A に比例し，比例係数は純液体Aの蒸気圧 p_A^* に等しい（すなわち，$p_A = x_A p_A^*$）という法則である．AとBのいずれについても，あらゆる組成においてラウールの法則が成立する溶液を理想溶液という．図7.1の実線は，AとBの蒸気圧（それぞれ p_A, p_B）および全圧（ドルトン（ダルトンともいう）の分圧の法則により各成

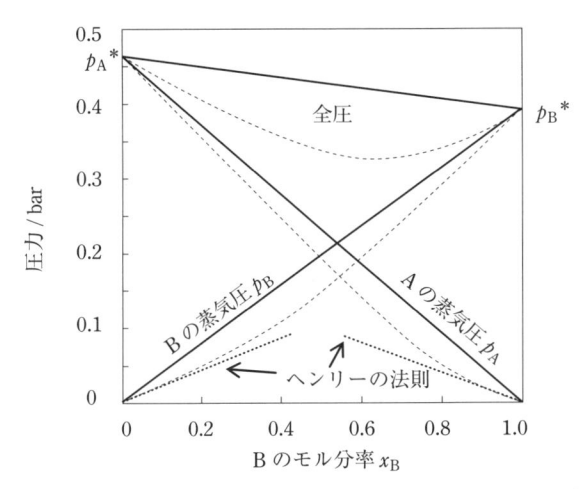

図7.1 2成分からなる溶液の組成と蒸気圧との関係
実線は理想溶液．理想溶液では全組成にわたってラウールの法則が成立する．
破線は実在溶液の例（異種分子の混合による安定化の結果，蒸気になろうとする傾向が理想溶液よりも小さくなる場合の例）．十分希薄な状態（$x_B = 0$ または1付近）では，理想希薄溶液の挙動を示している．

分の蒸気圧の和）を，Bのモル分率x_Bに対して示したものである．

理想溶液では，成分Aの化学ポテンシャルμ_Aは$\mu_A = \mu_A^* + RT \ln x_A$で表される．ここで，$\mu_A^*$はAのモル分率$x_A$が1（すなわちAが純溶媒）のときのAの化学ポテンシャルである．成分Bについても同様に，$\mu_B = \mu_B^* + RT \ln x_B$と表される．

2) ヘンリーの法則と理想希薄溶液

揮発性の溶質Bの蒸気圧p_Bがそのモル分率x_Bに比例し，比例係数K_Bが純液体Bの蒸気圧p_B^*とは異なる（すなわち，$p_B = x_B K_B$, $K_B \neq p_B^*$）とき，Bはヘンリーの法則に従うという．図7.1の破線で示すように，十分希薄な溶液では，溶媒の挙動はラウールの法則に，溶質の挙動はヘンリーの法則にそれぞれ従うことが多い．このような溶液を理想希薄溶液という．

3) 溶質の化学ポテンシャル

理想希薄溶液では，溶質Bの化学ポテンシャルμ_Bは，$\mu_B = \mu_B^\circ + RT \ln C_B$で表される．ここで，$\mu_B^\circ$は$C_B = 1$ mol/LにおけるBの仮想的な化学ポテンシャルである（必ずしも1 mol/Lの溶液が調製できるわけではない）．

実在溶液では，C_Bの代わりに実効濃度として活量a_Bを用いて，$\mu_B = \mu_B^\circ + RT \ln a_B$と表される．$a_B$の$C_B$に対する比$\gamma_B$を活量係数という．すなわち，$a_B = \gamma_B C_B$という関係にある（$C_B$は，厳密には$C_B/C^\circ$（ただし，$C^\circ = 1$ mol/L）と記載するべきであるが，慣例に従い，簡略化のためC°を省略する）．

4) 希薄溶液の束一的性質

溶質の種類には無関係で，その粒子数のみに依存する性質を束一的性質という．希薄溶液では，以下に述べる束一的性質が見られる（ここで述べる溶質は非電解質（非解離性）で不揮発性とする）．

① 蒸気圧効果

溶液中の溶媒Aの蒸気圧p_Aは，それが純液体のときの蒸気圧p_A^*より低下する．希薄溶液では，この差Δp ($= p_A^* - p_A$)は，ラウールの法則より$\Delta p = x_B p_A^*$と表される．すなわち，蒸気圧は溶質Bのモル分率x_Bに比例して降下する．

② 沸点上昇

溶質Bの存在により，溶媒の沸点はそれが純液体のときの沸点よりも高くなる．沸点上昇度ΔT_bはBの質量モル濃度m_Bに比例する．すなわち，$\Delta T_b = K_b m_B$と表さ

れ，比例定数 K_b を沸点上昇定数（あるいはモル沸点上昇）という．

③ 凝固点降下

溶質 B の存在により，溶媒の凝固点はそれが純溶媒のときの凝固点よりも低くなる．凝固点降下度 ΔT_f は，$\Delta T_f = K_f m_B$ と表される．K_f を凝固点降下定数（あるいはモル凝固点降下）という．

④ 浸透圧

半透膜（溶媒分子を通すが溶質分子は通さない膜）を隔てて純溶媒と溶液が接するとき，溶媒分子は純溶媒側から溶液側へと移行しようとする．この現象（すなわち，浸透）を止めるために溶液側に加える圧力 Π を浸透圧という．浸透圧 Π は，$\Pi V = n_B RT$ で表される（V, n_B, R, T はそれぞれ溶液の体積，溶質の物質量，気体定数，熱力学的温度）．n_B/V はモル濃度 C_B を表すので，$\Pi = C_B RT$ とも書ける．これをファント・ホッフの浸透圧の法則という．

5) 等張化

溶液の浸透圧を体液のそれと同じにすることを等張化という．浸透圧の測定は容易ではないので，束一的性質に基づいて等張溶液と同じ氷点降下度（0.52 ℃）を示す溶液を調製する．等張化の方法として，氷点降下法，食塩価法，容積価法が知られている．

問題 7.1 理想溶液に関する次の記述のうち，正しいものはどれか．

1　理想溶液とは，水とエタノールの混合溶液のように，任意の割合で混合できる溶液のことである．
2　理想溶液になるための要件は，溶媒分子と溶質分子の大きさが無視できることである．
3　理想溶液になるための要件は，溶媒分子間，溶質分子間，溶媒-溶質分子間に相互作用がみられないことである．
4　理想溶液では，溶質の挙動はヘンリーの法則に従う．
5　理想溶液では，溶媒および溶質のいずれについてもラウールの法則が成立する．

96   7. 水溶液

解説
1 任意の割合で混合するからといって，理想溶液になるとは限らない．
2 溶媒と溶質の分子の大きさが同じで，溶媒分子間，溶質分子間，溶媒-溶質分子間の相互作用が等しいとき，理想溶液の挙動を示す．例えば，ベンゼンとトルエンの混合液は，理想溶液に近い挙動を示すことが知られている．
3 上記選択肢2についての解説を参照のこと．
4 理想溶液では溶媒の挙動も溶質の挙動もラウールの法則に従う．
5 正しい．なお，理想溶液では溶質と溶媒に本質的な相違はなく，他方に対して多いほうが溶媒，少ないほうが溶質である．

〔正解〕 5

問題 7.2 理想希薄溶液に関する次の記述のうち，正しいものはどれか．
1 理想希薄溶液では，溶質の挙動はヘンリーの法則に従う．
2 理想希薄溶液とは，溶質の濃度が非常に低いとき，理想溶液と同一の挙動をとる溶液のことである．
3 理想希薄溶液における溶質の蒸気圧は，それが純物質であるときの蒸気圧と溶液におけるそのモル分率の積で表される．
4 理想希薄溶液における溶質の化学ポテンシャル μ は，$\mu = \mu° + RT \ln C$ で表される．ただし，$\mu°$ は溶質の濃度 C が $C = 0$ mol/L（すなわち無限希釈状態）のときの化学ポテンシャルである．
5 理想希薄溶液になるための要件は，溶質が不揮発性であることである．

解説
1 正しい．なお，ヘンリーの法則のもともとの表現は，揮発性の溶質を含む希薄溶液が気相と平衡にあるとき，気体の溶解度 x_B は気相におけるその分圧 p_B に比例する，というものである．
2 理想希薄溶液が極めて低濃度になったからといって，理想溶液になるわけではない．
3 この文章はラウールの法則を述べている．溶質の挙動はラウー

ルの法則ではなくヘンリーの法則に従う．
4 標準化学ポテンシャル $\mu°$ は，$C = 1$ mol/L のときの仮想的な化学ポテンシャルである．
5 溶質が不揮発性であることは，理想希薄溶液になるための要件ではない．

(正解) 1

問題 7.3 束一的性質に関する次の記述のうち，正しいものはどれか．
1 物質が溶解することによる溶媒の圧力の増加分を浸透圧という．
2 希薄溶液に見られる束一的性質の一つとして，浸透圧降下がある．
3 凝固点降下や沸点上昇は，溶媒の化学ポテンシャルが溶質の存在によって上昇するために起こる．
4 一般的にいえば，同一溶媒では，沸点上昇よりも凝固点降下のほうが顕著に現れる．
5 希薄溶液の浸透圧は，アレニウスの浸透圧の法則によって説明される．

解説 1 溶媒分子が半透膜を通って純溶媒側から溶液側へと浸透するのを止めるために溶液側に加える圧力のことを浸透圧という．
2 降下するのは，浸透圧ではなく蒸気圧である．ラウールの法則を適用すると，蒸気圧降下 Δp は，$\Delta p = p_A{}^* - p_A = p_A{}^* - x_A p_A{}^* = (1 - x_A) p_A{}^* = x_B p_A{}^*$ となり，Δp は溶質のモル分率 x_B に比例する（記号の意味は 7.1 の 4）①の説明も参照）．
3 溶質との混合によるエントロピー増大などにより，溶液中の溶媒の化学ポテンシャルが低下することが原因である．安定化した溶媒を沸騰させるためには，より高温が必要となり，溶媒を凝固させるためには，より低温が必要となる．
4 正しい．純溶媒の凝固点および沸点をそれぞれ $T_f{}^*$, $T_b{}^*$, モル質量を M_A, 気体定数を R, 融解エンタルピーを ΔH_f, 蒸発エンタルピーを ΔH_b とすると，凝固点降下定数 K_f および沸点

上昇定数 K_b は，それぞれ $K_f = [R(T_f^*)^2 M_A]/\Delta H_f$ および $K_b = [R(T_b^*)^2 M_A]/\Delta H_b$ と表される．$\Delta H_f < \Delta H_b$（固体を液体にするより，液体を気体にするほうが多くの熱を要する）の関係が大きく影響し，$K_f > K_b$ となる．

5 名称の間違いである．正しくは，ファント・ホッフの浸透圧の法則である．

(正解) 4

問題 7.4 等張化に関する次の記述のうち，正しいものはどれか．
1 液状医薬品が血液や涙液などと同じ表面張力を示すとき，この医薬品は等張であるという．
2 ある薬物の水溶液の氷点降下度を a，等張化剤 1 w/v% 水溶液の氷点降下度を b とすると，薬液 100 mL に加えるべき等張化剤の質量 $x(g)$ は，$x = (0.52 - a)/b$ で表される．
3 等張な塩化ナトリウム水溶液（生理食塩液）の濃度は 0.15 w/v% である．
4 NaCl の食塩価は，電離して Na^+ と Cl^- イオンが生じるので 2 である．
5 容積価が a の薬物の 1 w/v% 等張溶液 100 mL を調製するには，薬物 1 g を生理食塩液 a mL に溶解し，精製水を加えて 100 mL にすればよい．

解説
1 表面張力ではなく浸透圧である．
2 正しい．本法は氷点降下法である．
3 0.9 w/v% である．なお，生理食塩液のモル濃度は 0.15 mol/L である．
4 食塩価とは，ある薬物 1 g と同じ浸透圧を示す塩化ナトリウムの質量（単位：g）である．したがって，NaCl の食塩価は 1 である．食塩価法に基づき等張な薬液 100 mL を調製するには，(この薬液に含まれる薬物の質量×その食塩価) + (等張化剤の質量×その食塩価) = 0.9 になるようにする．

5 容積価とは，薬物1gを溶かして等張溶液をつくるために必要な水の体積（単位：mL）である．容積価がaの薬物の1 w/v%溶液100 mLを調製するには，薬物1gをa mLの水に溶解し，これに生理食塩液を加えて100 mLにする．

正解　2

7.2 ◆ 電解質水溶液と電気化学

到達目標
1) 電解質水溶液の性質について説明できる．
2) 電気化学の基本的事項について説明できる．

1) 電解質水溶液

電解質は，水などの極性溶媒中で電離してイオンになる物質である．電離している割合を電離度といい，通例は記号αで表す．電解質は，電離度の大小によって強電解質と弱電解質とに分けられる．電解質水溶液では，電離による溶質粒子の増加のため，質量モル濃度からの予測よりも束一的性質が大きく現れる．

2) 電解質水溶液の非理想性とイオンの活量

電解質水溶液中では，各イオン（中心イオン）の周囲にはクーロン相互作用によって反対符号の電荷をもつイオンが多く集まってイオン雰囲気が形成される．電解質A_mB_nのモルギブズ自由エネルギーGは，$G = m\mu_A + n\mu_B + RT \ln C_A^m C_B^n + RT \ln \gamma_\pm^{(m+n)}$と表される．ここで，$\gamma_\pm$は平均活量係数と呼ばれる．$RT \ln \gamma_\pm^{(m+n)}$項が非理想性の尺度（クーロン相互作用による安定化，すなわちGの減少）に相当する．

3) デバイ-ヒュッケルの理論

強電解質の希薄水溶液に対して，デバイとヒュッケルは，$\gamma_\pm$とイオン強度I（= $\Sigma z_i^2 C_i / 2$．z_iとC_iはそれぞれiイオンの電荷とモル濃度）との関係式を導いた．

$$\log \gamma_\pm = - |z_+ z_-| A I^{1/2} \quad (7.1)$$

これをデバイ-ヒュッケルの極限法則という．ここで，z_+およびz_-はそれぞれ陽イオンおよび陰イオンの電荷，Aは温度と媒質の誘電率に依存した定数である．本法則はおおむね$I < 0.001$ mol/Lの領域で成立する．

より高濃度（おおむね $I < 0.1$ mol/L）の領域では，中心イオンの大きさを考慮した次の拡張デバイ-ヒュッケル則が適用される．

$$\log \gamma_{\pm} = - \frac{A|z_+z_-|I^{1/2}}{1 + BaI^{1/2}} \tag{7.2}$$

ここで，a は平均イオン直径を想定した実験パラメータ（イオンサイズパラメータ），B は温度と媒質の誘電率に依存した定数である．

4) 酸化還元と電極電位

酸化還元反応は物質間で電子の授受が行われる反応である．電子を奪うことを酸化，電子を与えることを還元という．ある物質の酸化体 Ox と還元体 Red との間の反応（半反応）a Ox $+ n$ e $\rightleftarrows b$ Red において，次のネルンストの式で表される E を電極電位という．

$$E = E° - \frac{RT}{nF} \log \frac{a_{\text{Red}}^b}{a_{\text{Ox}}^a} \tag{7.3}$$

ここで，$E°$ は標準電極電位（Ox と Red の活量（a_{Ox}, a_{Red}）が 1 の時の電位），F はファラデー定数（9.6485×10^4 C mol^{-1}）である．電極電位は標準水素電極の電位を温度にかかわらず 0 V としたときの相対値で表される．

5) 化学電池

化学電池は，化学反応のエネルギーを電気エネルギーに変換し外部に取り出す装置である．酸化反応が起こり外部に電子が流れ出す電極をアノード（負極），外部から電子が流れ込み還元反応が起こる電極をカソード（正極）という．化学電池は右側がカソードになるよう表記する．

電池の構成を簡便に表す電池式においては，相の境界は縦の実線，混合しうる液体の境界は縦の破線，液間電位が無視できる液体の境界は縦の二重破線で表す．

負荷をかけない（＝電流が流れない）状態でのカソード（右側）のアノード（左側）に対する電位差を起電力 E_{emf} という．反応ギブズ自由エネルギー $\Delta_r G$ と E_{emf} との間には，$\Delta_r G = - nFE_{\text{emf}}$ という関係がある．

6) 導電率

電気抵抗の逆数をコンダクタンス G（単位：S（ジーメンス））という．有効表面積 A の電極を距離 l だけ隔てて電解質溶液に浸したとき，$G = \kappa A/l$ の関係がある．こ

7.2 電解質水溶液と電気化学

こで，κ を導電率（電気伝導率，伝導率ともいう）という．電解質溶液の単位モル濃度当たりの導電率をモル導電率 $\varLambda$ という．

図 7.2 にモル導電率と濃度との関係の一例を示す．強電解質水溶液では $\varLambda$ は $\sqrt{C}$ とともに直線的に減少する．これをコールラウシュの法則という．

$$\varLambda = \varLambda^\infty - k\sqrt{C} \tag{7.4}$$

ここで，$\varLambda^\infty$ は無限希釈状態（イオン間の相互作用が無視できる）におけるモル導電率で，極限モル導電率と呼ばれる．k は定数である．$\varLambda$ が濃度 C とともに減少する原因として，非対称効果（緩和効果）や電気泳動効果があげられる（確認問題 9 の解説を参照）．弱電解質では，濃度の増加に伴う電離度の減少により，$\varLambda$ は急激に減少する．

無限希釈状態では，各イオンは他のイオンからの影響を受けずに移動することができる．したがって，電解質の極限モル導電率は電解質を構成する正・負両イオンの極限モル導電率の和で表される．これをコールラウシュのイオン独立移動の法則という．

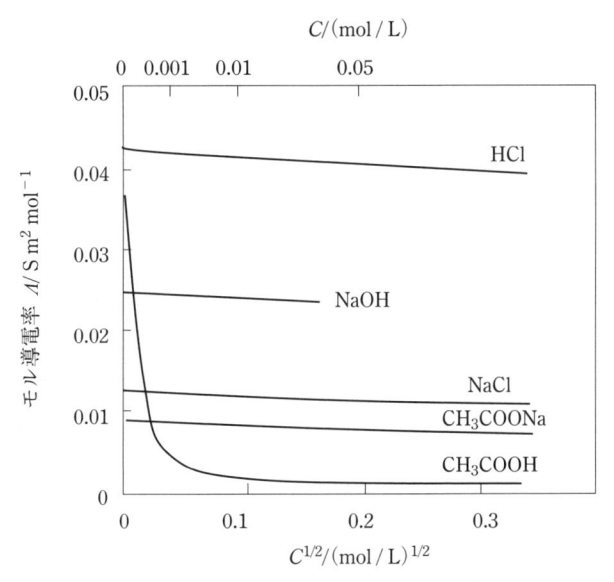

図 7.2　モル導電率と濃度との関係

問題 7.5 電解質水溶液に関する次の記述のうち，正しいものはどれか．
1. 電解質水溶液の束一的性質は，質量モル濃度から予測されるよりも小さい．
2. 電解質水溶液では，イオンの静電場が周囲にまで及ぶためイオンと同符号の電荷を有するイオン雰囲気が周囲に形成される．
3. 電解質水溶液では，クーロン相互作用によってイオンが安定化されるので，自由エネルギーが減少する．
4. 強電解質の希薄水溶液におけるイオンのモル導電率に対して，デバイ–ヒュッケルの極限法則が導かれた．
5. 電解質水溶液のイオン強度 I は，i イオンの電荷および濃度をそれぞれ z_i および C_i とすると，$I = \Sigma z_i C_i /2$ で表される．

解説
1. 電離による粒子数の増加のため，質量モル濃度からの予測より大きく現れる．そのときの補正係数をファント・ホッフ係数という．
2. そのイオン（中心イオン）とは反対符号の電荷を有するイオン雰囲気が形成される．
3. 正しい．7.2 の 2) の説明文中の $RT \ln \gamma_{\pm}^{(m+n)}$ において，一般的に $\gamma_{\pm} < 1$ となるので，自由エネルギーは減少する．
4. モル導電率ではなく，平均活量係数である．
5. イオン強度は $I = \Sigma z_i^2 C_i /2$ で表される．

[正解] 3

問題 7.6 酸化と還元に関する次の記述のうち，正しいものはどれか．
1. 酸化とは，ある化学種に電子を与えることである．
2. 還元剤は電子受容体である．
3. 還元剤とは電子対受容体である．
4. 酸化還元反応において酸化剤自身は還元される．
5. 酸化還元反応式は 2 組の半反応式よりプロトン（H^+）を差し引くことで作成することができる．

解説
1 酸化とはある化学種から電子を奪うことである．
2 還元剤は他の化学種に電子を与える物質なので，電子供与体である．
3 電子対受容体はルイス酸であり，還元剤のことではない．
4 正しい．他の化学種から電子を奪うことで，自身は還元される．
5 プロトンではなく，2組の半反応式から電子 e^- を差し引くことによって作成できる．

[正解] 4

問題 7.7 電極電位に関する次の記述のうち，正しいものはどれか．
1 電極電位とは，化学電池の右側の電極が左側の電極に対してもつ電位である．
2 電極電位はネルンストの式で表される．
3 電極電位は酸化還元系ごとに固有の値である．
4 電位の基準として標準酸素電極が用いられる．
5 半反応 Ox + e^- ⇌ Red の電極電位がより正の値をもつほど，Ox による酸化反応は速く進行する．

解説
1 電極電位とは，平衡状態において，電極が溶液に対してもつ電位である．なお，この電位は実測できない（異なる相の間の電位差は測定できない）．標準水素電極に対する相対電位で表す．
2 正しい．7.2 の 4) の説明を参照．
3 酸化還元反応に関わる化学種（厳密には活量）に依存する．
4 標準水素電極である．反応は $2H^+ (a_{H^+} = 1) + 2e^- \rightleftharpoons H_2$ (1 atm) で，その電極電位を温度によらず 0 V と定義する．
5 電極電位の値がより正であるほど，Ox は強い酸化力を有する．しかし，その酸化力が有限の時間内に発揮できるかどうかは別問題である．電極電位は反応速度に関する情報を与えるものではない．

[正解] 2

問題 7.8 化学電池に関する次の記述のうち，正しいものはどれか．
1. 還元反応が起こる側の電極をアノードという．
2. 外部回路から電子が流れ込む側の電極をカソードという．
3. 一般的に，化学電池の表記は右側がアノードになるように書く．
4. 負荷をつけない状態で，右側の電極電位に対する左側の電極電位の差を起電力という．
5. 電池反応が平衡に達したとき，最大の起電力が得られる．

解説
1. 酸化反応が起こり外部回路へと電子が流れ出す側の電極がアノードである．
2. 正しい．外部回路から電子が流れ込み，還元反応が起こる側の電極がカソードである．
3. 右がカソードとなるように書く（Reduction at the right. と憶えておけばよい）．
4. 左側の電極電位に対する右側の電極電位を起電力という．
5. 電池反応が進行して平衡に達すると，起電力は0になる．

正解　2

問題 7.9 導電率に関する次の記述のうち，正しいものはどれか．
1. 導電率の単位はS（ジーメンス）である．
2. 強電解質のモル導電率は，濃度とともに直線的に減少する．
3. 弱電解質のモル導電率は，濃度とともに直線的に減少する．
4. 水素イオンの極限モル導電率は，他の陽イオンに比べて高い値を示す．
5. ファント・ホッフのイオンの独立移動の法則をもとに，測定が困難な弱電解質の極限モル導電率を求めることができる．

解説
1. 導電率の単位は$S\,m^{-1}$である．Sはコンダクタンスの単位である．
2. 濃度の平方根とともに直線的に減少する（コールラウシュの法

則，101 ページの式（7.4）を参照）．
3 電離度の低下に伴い，急激に減少する．
4 正しい．水素イオンの場合はプロトンジャンプと呼ばれる機構によって電荷を移動させることができる．
5 弱電解質の極限モル導電率はコールラウシュのイオンの独立移動の法則を用いて求めることができる．例えば，酢酸の極限モル導電率 $\Lambda^{\infty}_{CH_3COOH}$ は，$\Lambda^{\infty}_{CH_3COOH} = \lambda^{\infty}_{CH_3COO^-} + \lambda^{\infty}_{H^+} = \Lambda^{\infty}_{CH_3COONa} + \Lambda^{\infty}_{HCl} - \Lambda^{\infty}_{NaCl}$ となり，強電解質である酢酸ナトリウム，塩酸および塩化ナトリウムの極限モル導電率のデータから計算により求めることができる．

正解 4

◆ 確認問題 ◆

次の文の正誤を判別し，○×で答えよ．

□□□ 1 理想溶液における溶媒 A の化学ポテンシャルは，そのモル分率を x_A，それが純溶媒のときの化学ポテンシャルを μ_A^* とすると，$\mu_A = \mu_A^* + RT \ln x_A$ で表される．

□□□ 2 理想希薄溶液では，溶媒の挙動はラウールの法則に，溶質の挙動はヘンリーの法則にそれぞれ従う．

□□□ 3 沸点上昇定数（モル沸点上昇）や凝固点降下定数（モル凝固点降下）は溶質の種類によって決まる定数である．

□□□ 4 電解質水溶液において，個々のイオンの活量係数を測定することはできない．

□□□ 5 標準電極電位とは電極反応に関わるすべての化学種の活量が 1 のときの電極電位である．

□□□ 6 化学電池の表記では，相の境界は縦の実線，混合しうる液体の境界は縦の破線，液間電位が無視できる液体の境界は縦の二重破線で表す．

□□□ 7 濃淡電池とは，2 つの半電池の構成が同じでその成分の活量が異なる電池である．

□□□ 8 濃淡電池の標準起電力は 0 V である．

□□□ 9 強電解質のモル導電率が濃度の平方根とともに直線的に減少するのは，

非対称効果や電気泳動効果によって説明できる．

☐☐☐ 10 弱電解質の極限モル導電率，モル導電率および電離度を Λ^∞, Λ, α とすると，$\Lambda^\infty = \alpha \Lambda$ の関係が成立する．

☐☐☐ 11 電場当たりのイオンの速度を移動度という．

正 解

1（○） 溶媒の化学ポテンシャルは純物質（純溶媒）のときを標準としている．

2（○） 7.1 の 2) の説明を参照のこと．

3（×） 溶質の種類ではなく，溶媒の種類による．

4（○） イオン個別の活量係数を測定することはできない．熱力学的測定から求められる活量係数 $\gamma_\pm$ を各イオンの幾何平均（平均活量係数）とみなし，各イオンに平等に割り当てる．

5（○） 7.2 の 4) の説明を参照．

6（○） 例えばダニエル電池（$Cu^{2+} + Zn \rightleftarrows Cu + Zn^{2+}$）では，$Zn|Zn^{2+}::Cu^{2+}|Cu$ または $Zn(s)|ZnSO_4(aq)::CuSO_4(aq)|Cu(s)$ と記述する．

7（○） それぞれの活量を a_1 および a_2 とすると（ただし，$a_1 > a_2$），起電力 E_{emf} は，$E_{emf} = -(RT/nF)\ln(a_2/a_1)$ である．

8（○） カソード側とアノード側は同種の半電池なので，両極の標準状態は同じである．

9（○） 「非対称効果」では，中心イオンは電場のもとで速く移動するのに対してイオン雰囲気は後ろに取り残されるため，中心イオンは移動方向とは反対方向へ静電的引力を受けると説明される（緩和効果ともいう）．「電気泳動効果」では，イオン雰囲気を構成している対イオンが水和水分子を引き連れて反対方向へと移動しようとするために中心イオンはその水分子の流れに逆らって移動しなければならない（摩擦抵抗を受ける）と説明される．

10（×） $\Lambda = \alpha \Lambda^\infty$ である．

11（○） 定常状態におけるイオンの速さを s_i とすると，移動度 u_i は電場の強さ E を用いて $u_i = s_i/E$ と表される．電荷 z_i のイオンの移動度 u_i とモル導電率 λ_i との間には，$\lambda_i = z_i u_i F$ の関係がある．

107

8 界面活性剤

到達目標 界面,代表的な界面活性剤,乳剤,分散系の性質について説明できる.

　界面では均一な液相中ではみられない特殊な機能が作用しており,これが表面過剰エネルギー,ぬれなどに関係する.界面活性剤は,気液界面に正の吸着をして表面張力を低下させ,臨界ミセル濃度(cmc)以上ではミセルを形成する.界面活性剤は乳化剤・懸濁化剤として分散系の安定化に寄与し,また洗浄剤としても使われる.また,4級アンモニウム塩構造の陽イオン性界面活性剤は殺菌作用が強いので,殺菌剤や消毒剤として使われる.界面活性剤は種類によってそれぞれの性質が異なり,またHLB*値によっても用途が異なる.イオン性界面活性剤にはクラフト点があり,クラフト点以上で水に対する溶解度が急激に高まる.クラフト点は同族系ではアルキル鎖が長くなるほど高くなる.一方,非イオン性界面活性剤には曇点が存在する.この曇点以上の温度では水に対する溶解度が低下し,水溶液は白濁する.これは,低温側では非イオン性界面活性剤のポリオキシエチレン基と水分子との水素結合によって親水性が高まり透明な水溶液となって溶けているが,曇点を超えてさらに高温になると,その水素結合が切れて水和度が減少し,親水性が低下するためである.非イオン性界面活性剤のこの性質(曇点以下で親水性,曇点以上で親油性)は,乳剤(親水軟膏®)調製時に転相乳化法として利用されている.

　HLB値が小さい界面活性剤は親油性が強く,HLB値が大きい界面活性剤は親水性が強い.油の可溶化にはHLB値が大きい界面活性剤が適する.

　気液界面への吸着量は,濃度と表面張力の関係から,ギブズGibbsの吸着等温式を使って計算される.また,気液界面への吸着量はcmc手前でほぼ飽和に達し,ラングミュアLangmuir型の吸着をするので,ラングミュアLangmuirの吸着等温式が適用できる.

　ぬれには,拡張ぬれ**,付着ぬれ***,浸漬ぬれ****があり,接触角(固体表面上の液滴表面が固体表面となす角度)θによってぬれやすさの程度が定まる.自発的なぬれが起こるかどうかは,ぬれの仕事から考えることができる.ぬれの仕事が正か0

のとき，ぬれが自発的に起こる．拡張ぬれは $\theta = 0°$ のときにのみ自発的に起こる．

* （界面活性剤分子中の親水性と親油性の数量的バランス）
** （液体が固体表面上を広がるようなぬれ）
*** （液滴が固体表面に接触するようなぬれ）
**** （毛管中を液体が浸透していくようなぬれ．浸透ぬれとも浸漬ぬれともいう．）

問題8.1 薬用石ケン®は，界面活性剤としては次のどれに分類されるか．
1 陽イオン性界面活性剤
2 陰イオン性界面活性剤
3 非イオン性界面活性剤
4 両性界面活性剤
5 天然界面活性剤

解説 薬用石ケン®は脂肪酸のナトリウム塩（$RCOO^-Na^+$）であり，陰イオン性界面活性剤である．なお，殺菌，消毒作用のあるベンザルコニウム塩化物やベンゼトニウム塩化物は，第4級アンモニウム塩構造をもつ陽イオン性界面活性剤である．陰イオン性の石ケンに対して，陽イオン性界面活性剤は逆性石ケンとも呼ばれる．

正解　2

問題8.2 表面張力の測定に関する記述のうち，正しいものはどれか．
1 毛管上昇法では，毛管を液体が昇る高さ（h）と表面張力は反比例の関係にある．
2 界面活性剤水溶液の濃度が高くなるにつれて，毛管上昇法における液柱の高さ h は高くなる．
3 臨界ミセル濃度以下の同一濃度において比較すると，ドデシル硫酸ナトリウム水溶液の表面張力はヘキサデシル硫酸ナトリウム水溶液の表面張力よりも高い．
4 つり板法では，測定値（つり板をつりあげる力）と表面張力は反比例の関係にある．

> 5 滴重法では，測定値（液滴を保持する力）と表面張力は反比例の関係にある．

解説
1 h と表面張力 γ は比例関係にある．$\gamma = (Rh\rho g)/(2\cos\theta)$
2 h は臨界ミセル濃度（cmc）までは低下し，cmc 以上でほぼ一定となる．
3 正しい．同族系では，アルキル鎖長の短いほうがその水溶液の表面張力は高い．なお，ドデシル硫酸ナトリウムのアルキル基の炭素数は 12 であり，ヘキサデシル硫酸ナトリウムのアルキル基の炭素数は 16 である．
4 比例関係にある．
5 比例関係にある．測定装置における水 1 滴の質量は界面活性剤水溶液 1 滴よりも大である．

正解 3

問題 8.3 イオン性界面活性剤水溶液の物性のうち，臨界ミセル濃度以上で急激に低下するものはどれか．
1 浸透圧
2 洗浄力
3 表面張力
4 界面張力
5 モル導電率

解説 モル導電率は，ミセル形成によるミセル表面の有効電荷の減少（対イオンのミセル表面への凝集）と，イオン雰囲気による電荷の遮蔽効果によって，cmc 以上で急激に低下する．洗浄力はミセルの可溶化能によるため cmc 以上で大となる．cmc における物性値の変化を図 8.1 に示す．

正解 5

110　8. 界面活性剤

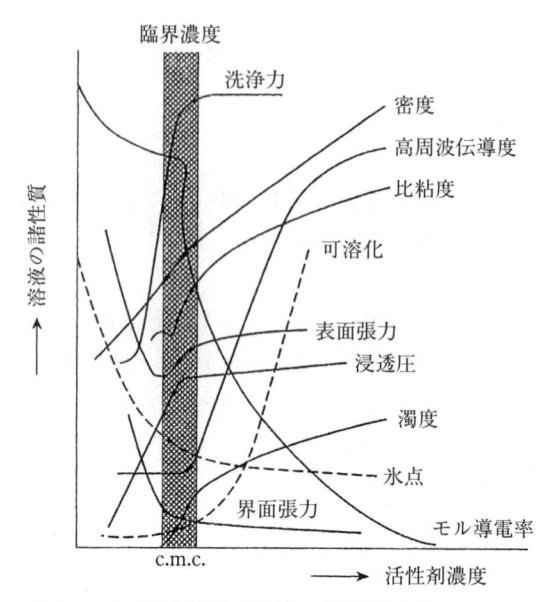

図 8.1　界面活性剤水溶液の性質と濃度との関係
（瀬崎仁，木村聰城郎，橋田充編（2007）薬剤学第4版，p.85，廣川書店）

問題 8.4　界面活性剤の性質に関する記述のうち，正しいものはどれか．
1. ラウリル硫酸ナトリウム水溶液の温度を上げていくと，ある温度以上で白濁する．
2. ベンゼトニウム塩化物水溶液の温度を上げていくと，ある温度以上で白濁する．
3. ソルビタンセスキオレイン酸エステル水溶液の温度を上げていくと，ある温度以上で急激に溶解度が上がる．
4. ラウロマクロゴール水溶液の温度を上げていくと，ある温度以上で急激に溶解度が上がる．
5. オクタデシルスルホン酸ナトリウムのクラフト点は，ドデシルスルホン酸ナトリウムのクラフト点よりも高い．

解説　1　ラウリル硫酸ナトリウムは陰イオン性界面活性剤であり，曇点をもたない．

2 ベンゼトニウム塩化物は陽イオン性界面活性剤であり，曇点をもたない．
3 ソルビタンセスキオレイン酸エステルは非イオン性界面活性剤であり，クラフト点をもたない．
4 ラウロマクロゴールは非イオン性界面活性剤であり，クラフト点をもたない．
5 正しい．イオン性界面活性剤はクラフト点をもち，クラフト点は融点と相関する．したがって，クラフト点はアルキル鎖の長いオクタデシルスルホン酸ナトリウムのほうが高い．

正解 5

問題 8.5 界面化学に関する記述のうち，正しいものはどれか．
1 水溶液内部に存在する分子は，気-液界面に存在する分子よりも高いポテンシャルエネルギーをもつ．
2 陰イオン性界面活性剤は，気-液界面に負の吸着をする．
3 負吸着をする電解質の水溶液では，その溶液内部は真水に近い．
4 気-液界面に正吸着をする化合物の水溶液の表面張力は，水の表面張力よりも大である．
5 界面張力は，単位面積の界面をつくるのに要する仕事量でもある．

解説 1 気-液界面に存在する分子のほうが水溶液内部に存在する分子よりも高いポテンシャルエネルギーをもつ．
2 界面活性剤は気-液界面に正吸着をする．
3 負吸着をする電解質化合物は，溶液内部に多く存在する．一方気-液界面は真水に近い．
4 気-液界面に正吸着をすると，表面張力が低下する．
5 正しい．界面張力の単位は N/m = J/m^2 であり，単位長さ当たりの張力であると同時に，単位面積当たりのエネルギーも表している．

正解 5

問題 8.6　HLB に関する記述のうち，正しいものはどれか．

1. HLB 値が小さい界面活性剤は，親水性が強い界面活性剤である．
2. ポリソルベート 80 は，HLB 値が大きく親油性が強い界面活性剤である．
3. 一般的にいえば，span 系の界面活性剤は tween 系の界面活性剤よりも HLB 値が大きい．
4. ポリオキシエチレン系の界面活性剤では，エチレンオキシドの重量%値が増えると HLB 値は大きくなる．
5. 油の可溶化には，HLB 値が小さい界面活性剤が適する．

解説
1. HLB 値が小さい界面活性剤は親油性が強い界面活性剤である．
2. ポリソルベート 80（tween 80）は親水性が強い界面活性剤である．
3. 一般に，span 系の界面活性剤は tween 系の界面活性剤よりも親油性が強く，HLB 値が小さい．
4. 正しい．エチレンオキシドの重量%値が増えると親水性が増すので HLB 値は大きくなる．
5. 油の可溶化には親水性の強い界面活性剤が適する．要求 HLB 値としては 15〜18 のものが適する．

正解　4

問題 8.7　HLB 値が 4.0 の界面活性剤 A と，HLB 値が 12.0 の界面活性剤 B を混ぜ合わせて，HLB 値が 10.0 の界面活性剤を 6 g つくりたい．界面活性剤 A の必要量（g）として，最も近いものはどれか．

1. 0.5
2. 1.0
3. 1.5
4. 2.0

5 2.5

解説　A，B の 2 種の混合物の HLB は両者の加重平均で表される．界面活性剤 A の必要量（g）を x とすると，

$$(4 \times x + 12 \times (6 - x))/6 = 10 \qquad x = 1.5 \text{ (g)}$$

正解 3

問題 8.8　ぬれに関する記述のうち，正しいものはどれか．
1. 接触角が 180° のとき，拡張ぬれが起こる．
2. ヤング Young の式は，$\gamma_S = \gamma_{SL} - \gamma_L \cos\theta$ で表される．ただし，γ_S，γ_{SL}，γ_L はそれぞれ，固体の表面張力，固-液界面張力，液体の表面張力，θ は接触角である．
3. 拡張仕事は $W_s = \gamma_L(\cos\theta + 1)$ で表される．
4. 付着仕事は，$W_a = \gamma_L(\cos\theta - 1)$ で表される．
5. ウォッシュバーン Washburn 式は，ぬれに関係した式である．

解説
1. 拡張ぬれは接触角が 0° のときしか起こらない．
2. ヤングの式は $\gamma_S = \gamma_{SL} + \gamma_L \cos\theta$ である．
3. 拡張仕事は $W_s = \gamma_L(\cos\theta - 1)$ で表され，$W_s \leq 0$ である．一方，自発的な拡張ぬれは $W_s \geq 0$ のときに起こる．したがって，拡張ぬれは $W_s = 0$ となる $\theta = 0°$ のときのみ自発的に起こる．
4. 付着仕事は $W_a = \gamma_L(\cos\theta + 1)$ で表される．したがって，付着ぬれは $W_a \geq 0$ すなわち $\theta \leq 180°$ のときに起こる．
5. 正しい．ぬれ性を毛管法で測定し，ウォッシュバーンの式で評価する．この式は $h^2 = (r\gamma_L \cos\theta\, t)/(2\eta)$ で表される．測定に際しては，図 8.2 に示すように，ガラス管に粉体試料を充填し，下端を液中に浸して垂直に立て，毛管現象により粉体層に浸透した液面の高さを経時的に求める．h は t 時間に上昇した液面の高さ，r は粒子間隙を毛細管とみなしたときの平均半径，η は液体の粘度である．

114　8. 界面活性剤

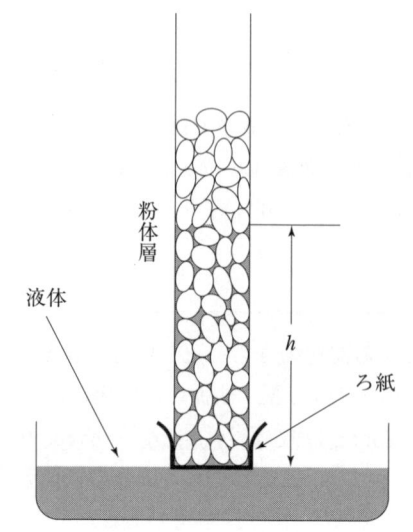

図 8.2　毛管上昇法による粉体のぬれの測定

正解　5

◆ 確認問題 ◆

次の文の正誤を判別し，○×で答えよ．

□□□　**1**　ラウリル硫酸ナトリウムの臨界ミセル濃度（cmc）は，ヘキサデシル硫酸ナトリウムの cmc より低い．

□□□　**2**　ドデシルトリメチルアンモニウムブロミド水溶液に NaCl を添加すると，cmc が上がる．

□□□　**3**　cmc 以上の濃度では，界面活性剤分子は水溶液中で全てミセルの形で存在し，モノマー体は存在しない．

□□□　**4**　界面活性剤が会合体を形成するのは水溶液中のみで，有機溶媒中では会合体は形成されない．

□□□　**5**　同族系の界面活性剤では，アルキル鎖長が長くなるにつれてクラフト点が高くなる．

□□□　**6**　クラフト点は界面活性剤の融点と相関がある．

□□□　**7**　浸漬ぬれが起こるのは接触角が 90°以下のときである．

□□□ 8 付着ぬれは $\theta \leq 180°$ で起こる．

□□□ 9 2種類の界面活性剤 A と B をそれぞれ W_A g と W_B g 混合したときの混合物の HLB 値（HLB_{AB}）は，$HLB_{AB} = HLB_A \cdot W_A + HLB_B \cdot W_B$ で表される．

□□□ 10 個々の界面活性剤の重量分率（W_i）と HLB 値（HLB_i）を使うと，混合物の HLB 値（HLB_{mix}）は，$HLB_{mix} = \Sigma(HLB_i \cdot W_i)$ で表される．

□□□ 11 オレイン酸の HLB 値は約1，オレイン酸カリウムの HLB 値は約20である．

□□□ 12 HLB 値が 3～6 の界面活性剤は O/W 型乳化剤に適する．

□□□ 13 吸着量を Γ，界面活性剤濃度を C，表面張力を γ，R，T をそれぞれ気体定数，絶対温度（熱力学的温度）とすると，ギブズの等温吸着式は，$\Gamma = -(C/RT)(d\gamma/dC)$ と表される．

□□□ 14 ラングミュアの等温吸着式は，$\Gamma = \Gamma_s kC/(1 + kC)$ と表される．ここで，Γ_s は飽和吸着量，k は吸着のしやすさを表す定数である．

□□□ 15 ラングミュアの等温吸着式を，$\Gamma/C = k(\Gamma_s - \Gamma)$ と変形して，Γ/C を Γ に対してプロットすると，Γ の増加とともに右上がりの直線が得られる．

□□□ 16 ラングミュアの等温吸着式を，$\Gamma/C = k(\Gamma_s - \Gamma)$ と変形して，Γ/C を Γ に対してプロットすると，横軸との交点から飽和吸着量 Γ_s が求まる．

□□□ 17 日本薬局方一般試験法の崩壊試験でみられる錠剤の崩壊には，浸漬ぬれが関係している．

正 解

1（×） ラウリル硫酸ナトリウムの cmc のほうが高い．

2（×） イオン性界面活性剤に電解質を添加すると，ミセル表面の静電的反発が対イオンによって抑えられてミセルを形成しやすくなり，cmc が下がる．

3（×） cmc 以上で濃度が上がるとミセルの量が増えるが，モノマーも必ず溶液中に存在している（cmc 相当量のモノマーが存在する）．

4（×） 有機溶媒中では，疎水基を外側に，親水基を内側に向けた逆ミセルが形成される．

5（○）

6（○）

7（○） 浸漬仕事は $W_i = \gamma_L \cos\theta$ と表されるので，$W_i \geq 0$ すなわち $\theta \leq 90°$ のときに起こる．

8（◯）

9（×）　$HLB_{AB} = (HLB_A \cdot W_A + HLB_B \cdot W_B)/(W_A + W_B)$．混合物の HLB は加重平均で表される．確認問題 10 も参照．

10（◯）

11（◯）

12（×）　HLB 値が 3 〜 6 の界面活性剤は W/O 型乳化剤に適する．HLB 値が 8 〜 18 の界面活性剤は O/W 型乳化剤に適する．

13（◯）

14（◯）

15（×）　右下がりの直線が得られる．

16（◯）

17（◯）

9 分散系の物理化学

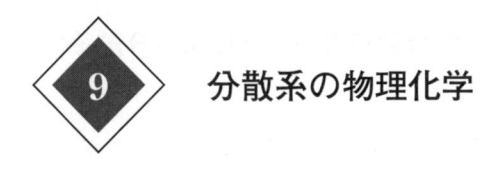

9.1 ◆ 分散系とは

到達目標 代表的な分散系を列挙し，その性質について説明できる．

　ある媒質の中に他の物質の粒子（分子，分子集合体，あるいは微粒子）が分散しているものを分散系という．図9.1のように，分散している粒子を内相（不連続相，分散相）といい，内相を分散させている媒質を外相（連続相，分散媒）という．分散系は内相の粒子径の大きさによって，表9.1に示すような三つに分類できる．

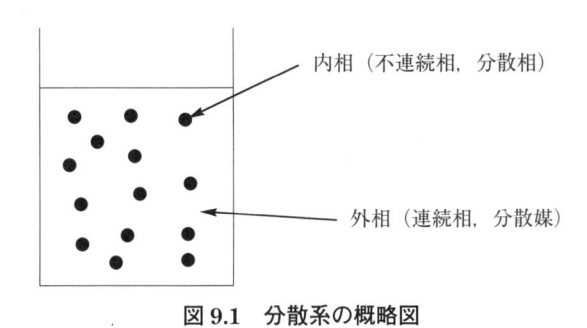

図9.1　分散系の概略図

9.2 ◆ 分散相の粒子径による分散系の分類

到達目標 各種分散系の特徴が比較して説明できる.

表9.1

分散質の特徴	分子分散系	コロイド分散系	粗大分散系
粒子径の範囲	5 nm 以下	5 ～ 100 nm	100 nm 以上
光学顕微鏡で	見えない（電子顕微鏡でも検出不可）	見えない（電子顕微鏡, 限外顕微鏡で検出可）	見える
ろ紙の透過性	通る	通る	通らない
半透膜の透過性	通る	通らない	通らない
粒子の運動*	拡散速度が大きい	・ブラウン運動が観察できる ・拡散が遅い	・拡散がきわめて遅い ・重力で沈降する（自然沈降）
例	食塩水溶液, グルコース水溶液など	水酸化鉄コロイド, アルギン酸ナトリウム水溶液, 界面活性剤水溶液中のミセルなど	乳剤, 懸濁剤

*拡散もブラウン運動もともに, 分子（あるいは粒子）の熱運動とそれに伴う分子間（あるいは粒子間や粒子-分子間）の衝突に起因する.

問題 9.1 分散系に関する記述について, 正しいものはどれか.
1 分散粒子の粒子径を比較すると, コロイド分散系のほうが粗大分散系よりもが大きい.
2 コロイド分散系の分散粒子は半透膜を通過できる.
3 クリーミングの速度はエマルションの分散相の粒子径とは無関係である.
4 エマルションは内相の容積分率あるいは濃度が大きくなるほど不安定になる.
5 界面活性剤を添加するとサスペンションは不安定になりケーキングしやすくなる.

解　説
1　粒子径の大きさの序列は，分子分散系＜コロイド分散系＜粗大分散系．
2　ろ紙は通過できるが半透膜は通過できない．
3　ストークスの式によれば，エマルションの内相の沈降あるいは浮遊の速度は，粒子径の2乗に比例し，分散媒の粘度に反比例する．
4　正しい．エマルション粒子の濃度が高くなれば，粒子間の衝突と凝集の可能性も高まり，不安定化する．エマルションの内相の液滴は球形である．大きさがすべて等しい液滴からなる場合，液滴は全容積の74％（最密充填）以上を占めることはできない．
5　界面活性剤を加えると，分散相表面に水和層が形成され，またイオン性界面活性剤の場合には電荷も与えられるので，凝集しにくくなる．このようにして界面活性剤の添加によって分散性が高められ安定性も高まる．ただし長時間が経過して沈降すると，小粒子のゆえにケーキングを起こす可能性もある．

正解　4

9.3 ◆ コロイド分散系

到達目標
1）コロイドの光学的および電気的性質について説明できる．
2）コロイドの安定性について説明できる．

1）分　類

　分散媒と分散質が気体・液体・固体のいずれに属するかによって気体-気体の組合せを除き8種類のコロイド分散系ができる．薬学の分野で最も多く出会うのは分散媒が液体のコロイド溶液である．コロイド溶液を単にコロイドと呼ぶことが多い．コロイド粒子が分散媒と強く相互作用する系（分散媒との親和性が強い系）を親液性コロイドという．コロイド粒子と分散媒の相互作用が弱い系（分散媒との親和性が弱い系）を疎液性コロイドという．分散媒が水のとき，それらは親水コロイド（あるいは親水性コロイド），疎水コロイド（あるいは疎水性コロイド）と呼ばれる．

2) 光学的性質

コロイド粒子は非常に小さいため光学顕微鏡で見ることはできない．しかし，光を散乱させる能力は大きいので，レーザーのような強い光を横から当てると，その光路が輝いて見える．この現象をチンダル現象という．

3) ブラウン運動

分散媒分子は運動エネルギーをもち，たえず分散相（コロイド粒子）と衝突している．ところが衝突によりコロイド粒子が受ける力は均等でないため，コロイド粒子の進行方向はランダムに変わる．このような運動をブラウン運動と呼ぶ．

4) 電気二重層

コロイド粒子の表面は，図9.2のように解離基や吸着したイオンにより帯電している．これを静電気的に中和するために，分散媒中の反対電荷イオンが粒子表面に引き寄せられる．その結果，粒子表面に近いところでは反対符号の電荷をもつイオンが多い固定層が形成され，その外側の粒子表面から遠い所でも粒子と反対の符号の電荷をもったイオンが多く引き寄せられて拡散層が形成される．このようにしてコロイド粒子の表面には電気二重層が存在する．コロイド分散系が安定に存在できるのは，電気二重層によってそれぞれのコロイド粒子が取り囲まれ，コロイド粒子どうしの接近が阻まれるためである．

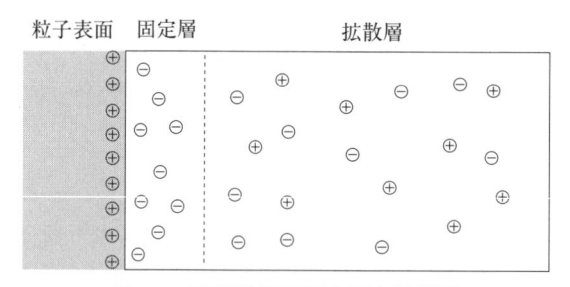

図9.2 荷電粒子の固定層と拡散層

5) コロイドの安定性とDLVO理論

電気二重層を形成したコロイドは，粒子間で相互作用している．静電的な反発力とファン・デル・ワールス力による引力がその相互作用の主な要素である．反発力が引力よりも大きくなると，コロイド粒子は分散媒に分散して安定化する．一方，引力が反発力よりも大きくなるとコロイド粒子は引き合い凝集する．これを理論化したもの

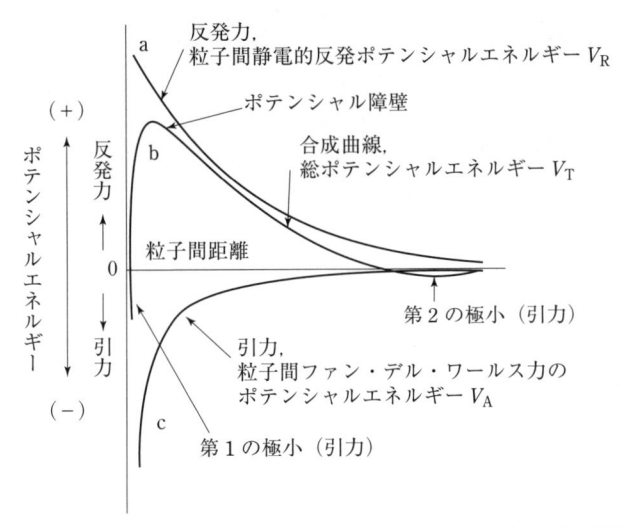

図9.3 分散粒子のポテンシャルエネルギーと粒子間距離の関係

が4人の研究者の頭文字をとった DLVO 理論である．この理論によると二つの粒子に働く総ポテンシャルエネルギー V_T は，静電的反発ポテンシャルエネルギー V_R とファン・デル・ワールス引力のポテンシャルエネルギー V_A の和で表され（式9.1），粒子間の距離と V_T の関係は図9.3に示すようになる．

$$V_T = V_R + V_A \tag{9.1}$$

V_T が正を示す領域では反発力＞引力となり，コロイドは安定に存在できる．

6）親水コロイドと疎水コロイド

親水コロイドでは，多くの場合にコロイド粒子の周辺に電気二重層を形成しているが，それと同時に分散媒である水が分散粒子の表面に水和層を形成している．このように親水コロイドでは，粒子間の静電的反発とともに，水和層によってコロイド粒子どうしの接触が妨害されているので，凝集しにくい．これが親水コロイドが安定に存在できる機構である．

疎水コロイドでは，水和層が薄い，あるいはほとんど形成されないので，荷電粒子であっても一般に親水コロイドよりも不安定である．

7）疎水コロイドの凝析

疎水コロイドに少量の電解質を加えると，コロイド粒子の電荷は反対符号の対イオ

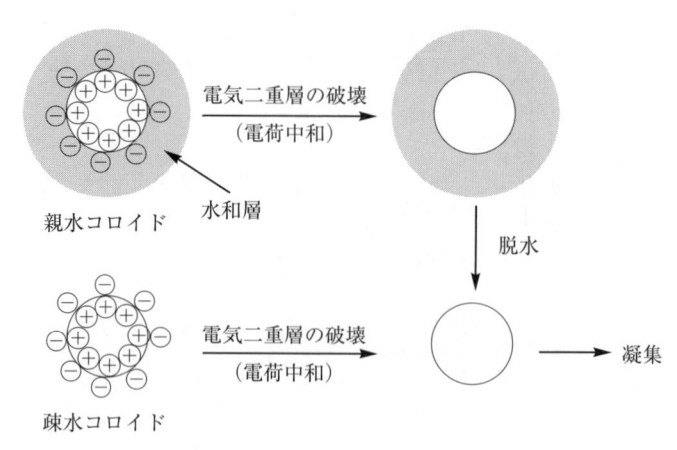

図9.4 コロイド粒子の凝集過程

ンによって中和され，粒子間の静電的な反発がなくなるので，コロイドは容易に凝集する．この現象を凝析という．凝析は反対符号の価数の大きいイオンによって起こりやすく，その凝析させるのに要する最小の電解質濃度はイオン価のほぼ6乗に逆比例する．この規則をシュルツ・ハーディの規則という．

8) 親水コロイドの凝析と塩析

親水コロイドに少量の電解質を加えて電荷を中和しても疎水コロイドのようには凝析は起こらない．しかし，エタノールやアセトンなどの水溶性の有機溶媒を加えて水和層を脱水すると，少量の電解質を加えるだけで凝析する．一方，電解質を多量加えると，電荷が中和されると同時に水和層も電解質の脱水作用により除去されるために親水コロイドは凝析する．この現象を塩析と呼ぶ．

9) イオンの塩析力の強さ（離液順列，ホフマイスター順列）

親水コロイドを塩析する強さは，たとえ同一価数のイオンであっても，水和されやすいイオンほど大きくなる傾向がある．

陰イオン：$SO_4^{2-} > F^- > Cl^- > Br^- > NO_3^- > I^- > SCN^-$

1価の陽イオン：$Li^+ > Na^+ > K^+ > Rb^+ > Cs^+$

2価の陽イオン：$Mg^{2+} > Ca^{2+} > Sr^{2+} > Ba^{2+}$

問題 9.2 コロイドに関する記述について，正しいものはどれか．
1　一般に疎水コロイドのほうが親水コロイドよりも安定である．
2　コロイド粒子は光学顕微鏡で観察できる．
3　コロイド粒子は生体膜を通過する．
4　チンダル現象はコロイド粒子が光を強く吸収することにより起こる．
5　親水コロイドに大量の電解質を添加すると塩析する．一般に，水和されやすい電解質イオンは，水和されにくいイオンよりも塩析作用が大きい．

解説
1　親水コロイドでは，コロイド粒子が水と強く相互作用し，粒子の表面に水和層ができる．親水コロイドは，この水和層による立体障害の効果により粒子どうしの接近が妨げられて，安定に存在できる．
2　光学顕微鏡では観察できないが，チンダル現象を利用した限外顕微鏡で観察することができる．
3　コロイド粒子は生体膜などの半透膜を通過できないが，ろ紙は通過する．
4　チンダル現象はコロイド粒子によって光が散乱されることにより生じる．
5　正しい．水和されやすいイオンほど，塩析効果が高い（ホフマイスター順列）．

正解　5

問題 9.3 コロイド分散系の安定性に関する記述について，正しいものはどれか．
1　分散媒中に分散しているコロイド粒子をそのまま放置しておくと，重力により，ストークスの式に従って沈降する．
2　親水コロイドは，主に水和することにより安定化している．
3　疎水コロイドに親水コロイドを加えてできたコロイド溶液は

　　　　不安定になり凝集する.
　　4　電荷が同符号の2種類の希薄な疎水性のコロイド溶液を混合すると，相分離が起こる.
　　5　コロイド粒子間に働く静電的反発力がファン・デル・ワールス引力よりも大きくなると，疎水コロイドは不安定になる.

解説

1　コロイド粒子はブラウン運動によって，コロイド溶液に均一に拡散しようとする．ブラウン運動による拡散は重力による沈降を妨げるので，ストークスの式は適用できない．

2　正しい．親水コロイドは，分散媒の水と強く相互作用し，粒子の表面に水和層ができる．この水和層により安定に存在できる．タンパク質のように電荷をもつ場合には静電反発力も安定化に関与する．

3　親水コロイドは疎水コロイドの表面に吸着して，疎水コロイドを安定化する．この親水コロイドのことを保護コロイドという．

4　電荷同符号の2種の疎水コロイドを混合しても顕著な反応はみられない．しかし，正と負に電荷を帯びた親水コロイドを混合すると，電気的な相互作用によりコロイドに富んだ相と希薄な相に相分離する．この濃厚相の形成のことをコアセルベーションという．

5　コロイド粒子が安定に存在する状態とは，ブラウン運動によりコロイド粒子が溶液中に分散し，凝集しない状態を指す．静電的反発力がファン・デル・ワールス引力よりも大きくなると，凝集が起こらずコロイドは安定に存在できる．

正解　2

9.4 ◆ 粗大分散系

到達目標
1) エマルションの型と性質を説明できる．
2) エマルションの安定性を説明できる．
3) サスペンションの安定性を説明できる．
4) エマルションおよびサスペンションの安定性と粒子の沈降速度との関係を説明できる．

1) エマルションとその安定性

互いに溶解し合わない2液相間において，一方の液相が他方の液相中に小さな液滴（粒子径：$0.1 \sim 10\ \mu m$）として分散している系をエマルション（乳剤）と呼ぶ．エマルションの液滴を安定化させるために，乳化剤として，通例，界面活性剤が加えられる．

① エマルションの型

　o/w（oil in water）型：分散媒が水で，分散相が油の系（例：牛乳，マヨネーズ）
　w/o（water in oil）型：分散媒が油で，分散相が水の系（例：マーガリン）

② エマルションの型を決定する要因

　i) 容積比：液滴の大きさがすべて等しいとき，液滴はエマルションの全容積の74％（最密充填）以上を占めることができない（オストワルド Ostwald の相容積理論）．
　ii) 乳化剤（界面活性剤）の種類：界面活性剤は，相互に混和しない水と油の界面張力を低下させて，一方の液体の他方への分散を助ける．一般に，乳化剤と親和性の高い液相がエマルションの外相になる．これをバンクロフトの規則という．HLB（親水性親油性バランス）が$3 \sim 6$の乳化剤を用いると w/o 型エマルションが生成し，HLBが$8 \sim 18$の乳化剤を用いると o/w 型エマルションが生成する．

③ エマルションの電気伝導性

　極性の低い油相よりも極性の大きい水相のほうが電気抵抗は低く，電流は流れやすい．したがって一般に，o/w 型エマルションは電気伝導性を示すが，w/o 型エマルションは電気伝導性がない．

④ 転　相

　エマルションは物理化学的な条件を変化させると型が変わる．これを転相という．転相は，① 内相と外相の容積比を変えたり，② 乳化剤の性質を変えたりすると起こ

る．非イオン性界面活性剤を乳化剤として用いる場合には，それの曇点以上においてはw/o型エマルションを，曇点以下においてはo/w型エマルションを形成する傾向にある．

⑤ クリーミング

エマルションの内相粒子が，外相との密度差によって上昇あるいは沈降し，液面あるいは液底に内相粒子の濃度の高い部分が生じることをクリーミングという．クリーミングはエマルションの不安定化の要因の一つであるが，振り混ぜることにより元の分散状態に戻すことができる（可逆的）．クリーミングの原因となる液滴の浮上あるいは沈降の速度Vは，ストークスStokesの式（9.2）で与えられる．

$$V = \frac{d^2(\rho_1 - \rho_2)g}{18\eta} \tag{9.2}$$

ここで，dは粒子直径，ρ_1, ρ_2は内相および外相の密度，ηは外相の粘度，gは重力の加速度である．したがって，クリーミングを防ぐには，(1) 粒子径（d）を小さくする，(2) 内相と外相の密度差（$\rho_1 - \rho_2$）を小さくする，(3) 外相の粘度を高めるなどの方法で，粒子の沈降速度（V）を低めればよい．

⑥ 凝　集

液滴粒子どうしの衝突・付着による凝集体の形成をいう．凝集は，分散粒子の表面電位が低いときや，クリーミングで密集した粒子間で起こりやすい．一度，凝集すると分散状態に戻すことはなかなか困難である（不可逆的）．

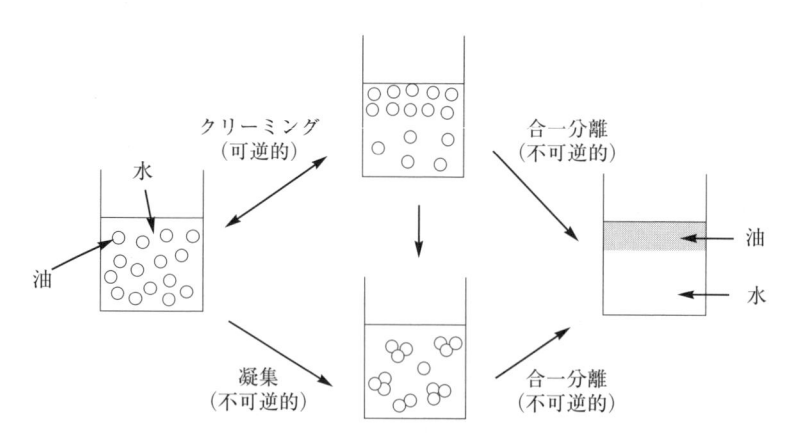

図9.5　エマルションの不安定化の経路

⑦ 合一と破壊

　エマルションの分散粒子の表面には，乳化剤（界面活性剤）が吸着した吸着層が存在する．この吸着層が何かの原因で破壊されたり薄くなったりすると，分散粒子は接近して合一し，やがてエマルションは破壊されて二液相に分離する．このことを，脱乳化，あるいはエマルションの解消ともいう．この過程は不可逆である．

2) サスペンションとその安定性

　サスペンション（懸濁剤）は固体微粒子が媒質の液体中に分散したものである．その粒子の大きさは，コロイド粒子と同程度あるいはその上限を超えている．熱力学的に不安定な系のため，長時間放置しておくと分散粒子は沈降する．

① 粒子の沈降（自由沈降と凝集沈降）

　沈降には，一次粒子がそのまま沈降する場合（自由沈降）と凝集体を形成して沈降する場合（凝集沈降）とがある．沈降速度 V は，沈降粒子が球形で加速度 0（等速沈降）の条件のもとで，ストークスの式 (9.2) に従う．なお，式 (9.2) は分散媒の摩擦抵抗についてのストークスの法則が成り立つことを前提にしている．

② ケーキング

　自由沈降により生成する沈積層は，重力により硬く密に凝結する．このような強固な沈積層の形成をケーキングという．この状態になると，再分散は困難である．凝集沈降する場合には，柔らかな沈積層ができるので再分散は容易である．

③ サスペンションの安定化

　懸濁粒子の沈降を防ぐことによりサスペンションを安定化できる．沈降や凝集を防止するために，(1) 粒子の沈降速度を遅くする（ストークスの式），(2) 界面活性剤，高分子，あるいは高分子電解質などを添加して粒子表面に電荷を与える，あるいは水和層を形成させるなどの方法が試みられる．粒子表面への水和層の形成は，親水コロイドが安定に存在できるのと同じ理由で，凝集体の生成を防ぐことができる．このような役目をする親水コロイドを保護コロイドという．

問題 9.4 エマルションに関する記述について，正しいものはどれか．

1 エマルションは，分散媒が液体で分散相が固体であり，互いに溶けない場合に生ずる．

2 一般に，分散相は合一しても振り混ぜると容易に再分散される．

3　クリーミングを起こしやすいエマルションは，分散媒の粘度を減少させることにより安定化することができる．
　　4　HLB値が8よりも大きな界面活性剤を用いると，o/w型のエマルションを生成する．
　　5　クリーミングは非可逆的な現象なので，クリーミングが起こると再びエマルションに戻すことはできない．

解説　1　エマルションは分散媒と分散相がともに液体のときに生じる．
　　2　合一は不可逆的であり，エマルションが完全に破壊するまで進行する．
　　3　クリーミングは分散媒と分散質の密度の違いにより，分散質粒子が沈降あるいは浮上する現象である．分散媒の粘度を大きく，粒子径を小さく，かつ均一にすると，クリーミングが起こりにくくなる（ストークスの式）．
　　4　正しい．HLBは，界面活性剤の親水性と親油性のバランスを示す値である．HLBが8よりも大きいとき，o/w型のエマルションを生成する．
　　5　クリーミングは可逆的な現象なので，振り混ぜると再び均一なエマルションに戻る．

正解　4

到達目標　溶質の界面への吸着と溶液の表面張力の関係を説明できる．

　エマルションの安定化には油水界面に対する乳化剤の吸着の寄与が大きい．この例題で吸着についても学習しておこう．

問題 9.5　吸着に関する記述について，<u>誤っている</u>ものはどれか．
　　1　純水に少量の高級アルコールを溶解させると，高級アルコールはその溶液の界面に集まる傾向がある．これを正吸着という．
　　2　純水に少量の高級アルコールを溶解させると，その溶液の表面張力は純水よりも小さくなる．
　　3　同温度・同濃度のn-ブタノール水溶液とエタノール水溶液に

ついて比較するとき，表面に吸着している溶質濃度は n-ブタノール水溶液のほうが小さい．
4　同温度・同濃度の n-ブタノール水溶液とエタノール水溶液の表面張力を比較すると，エタノール水溶液のほうが表面張力は大きい．
5　純水に NaCl や $MgCl_2$ のような無機電解質を溶解しても，その水溶液の表面張力は純水の表面張力とほとんど変わらない．

解説　1, 2　アルコールや脂肪酸などの親水性基と疎水性基の両方をもつような溶質を水に溶解すると，溶質は表面に集まるようになり，表面付近の溶質の濃度は溶液内部よりも高まる．これを正吸着という．溶質が正吸着すると，水表面の自由エネルギーは低下し，水溶液の表面張力も純水より小さくなる．このような物質を表面活性物質という．

3, 4　3. の記述は誤っている．4. の記述は正しい．アルコールや脂肪酸はアルキル鎖が長いほど，水表面に吸着されやすくなる．その結果，炭素鎖が長いアルコールや脂肪酸を溶解した水溶液のほうが表面張力は小さくなる．

5　無機電解質（例えば NaCl）のように水との親和性が高い溶質は，表面付近よりも溶液内部で濃度が高まる．これを負吸着という．このような溶液の表面付近は純水に近い状態となり，表面張力は純水のそれと比べてほとんど変わらない．厳密にいえば，表面張力は濃度とともにやや増加している．

正解　3

問題 9.6　沈降速度を表すストークスの式に関する記述について，誤っているものはどれか．
1　沈降速度は分散媒中の粒子径が大きいほど大となる．
2　沈降速度は粒子と分散媒の密度の差が小さいほど速い．
3　沈降速度は分散媒の粘度が大きいほど遅い．
4　サスペンションについてもエマルションについても，分散粒

子に関してストークスの式が適用できる．
5　分散媒の粘度を大きくして，固体粒子と分散媒の密度の差を小さくすると，サスペンションの安定性が増す．

解説　粒子が分散媒の中を重力によって落下するときの速度を沈降速度という．ストークスの式 (9.2) によると，沈降速度は粒子が大きいほど，粒子と分散媒の比重（あるいは密度）の差が大きいほど，分散媒の粘度が小さいほど速くなる．サスペンション（固体粒子が液体に分散している系）の安定性は，固体粒子の沈降速度を小さくすることにより，高まる．したがって 2. が誤まった記述である．

[正解]　2

問題 9.7　エマルションに関する記述について，正しいものはどれか．
1　エマルションは，分散相となる固体と分散媒となる液体が親水性か親油性かによって，二つの型に分類できる．
2　o/w 型は，油中に水滴が安定に分散している．
3　エマルションに油を加えると粘度が低下し，水を加えると粘度が上昇するとき，そのエマルションは o/w 型である．
4　メチレンブルーやメチルオレンジなどの色素によって液滴が染まるエマルションは o/w 型である．
5　エマルションの電気伝導度は，w/o 型よりも o/w 型のほうが大きい．

解説　1　エマルションは分散媒と分散相がともに液体のときに生じる．
2　o/w 型は oil in water の略で，水中に油滴が分散しているエマルションである．
3　内相と同じ成分を加えると，分散質の体積分率が増すので，エマルションの粘度は増大する．また，外相と同じ成分を加えると，分散媒の体積分率が増すので，エマルションの粘度は低下する．したがって，設問のエマルションは w/o 型である．

4 メチレンブルーやメチルオレンジは水溶性であり，w/o 型のエマルションの液滴を染色する．w/o 型は，スダンⅢなどの油溶性色素で染色される．

5 正しい．電流は，極性の低い油相よりも極性の高い水相のほうが流れやすい．したがって o/w 型は電流が流れやすく，w/o 型はほとんど電流が流れない．

正解　5

問題 9.8 サスペンションに関する記述について，正しいものはどれか．
1 分散相の粒子が凝集体をつくり沈降する挙動は，重合沈降と呼ばれる．
2 分散相の粒子が凝集体をつくらないで沈降する挙動は，自由沈降と呼ばれる．
3 粒子が沈降するとき，凝集沈降のほうが自由沈降よりも密度の高い沈積層をつくる．
4 自由沈降の粒子はケーキングしにくく，容易に再分散する．
5 凝集沈降により生成する沈積層は，再分散されにくい．

解説
1 粒子が凝集して 2 次粒子が沈降する挙動は凝集沈降と呼ばれる．
2 正しい．自由沈降は 1 次粒子がそのまま沈降する．
3 自由沈降による沈積層の密度＞凝集沈降による沈積層の密度，すなわち，自由沈降よりも凝集沈降のほうが沈積層はかさ高くなる．
4 自由沈降により生成する沈積層は，重力により硬く密に凝結しており，再分散しにくい．
5 比較的粒子径のそろった凝集 2 次粒子が疎な沈積層を形成するので，沈積層は柔らかく，振り混ぜると再び分散することができる．ただし，再分散されて水中に懸濁する粒子は 1 次粒子ではなく，2 次粒子であることに注意．

正解　2

◆ 確認問題 ◆

次の文の正誤を判別し，○×で答えよ．

□□□ 1　親水性コロイドは，媒質の電解質濃度を高めることにより安定化できる．

□□□ 2　疎水コロイドは少量の電解質を添加すると，凝集し沈殿する．これはコロイド粒子の静電的反発力が増大するためである．

□□□ 3　親水コロイドに，水との親和性が高い有機溶媒や反対符号の電荷をもつコロイド粒子を加えると二相分離を起こす．

□□□ 4　エマルションは，内相の容積分率が大きくなるほど不安定になる．

□□□ 5　少量の水を加えて希釈できるのは，w/o 型のエマルションである．

□□□ 6　クリーミングの速度は，エマルションの分散媒の粘度とは無関係である．

□□□ 7　純水に直鎖の高級アルコールを加えると，液体表面にアルコールが吸着しその溶液の表面張力は小さくなる．

□□□ 8　純水に水溶性高分子ポリビニルピロリドンを加えるとその溶液の表面張力は大となるが，水溶性無機電解質 $MgCl_2$ を加えると逆に小となる．

□□□ 9　同一の親水基をもつ非イオン性界面活性剤において，アルキル基の鎖長が長くなると HLB 値は小さくなる．

□□□ 10　自由沈降により生成した沈積層を振り混ぜると，再びサスペンションに再分散できる．

正　解

1 (×)　親水コロイドに電解質を加えると脱水和が起こってコロイドは不安定化する．親水コロイドが電荷をもつ場合には，添加した電解質によって電荷の遮蔽も起こるので，さらにコロイドは不安定化する．

2 (×)　添加された電解質はコロイド粒子の表面に形成されている電気二重層を圧縮する．その結果，静電的な反発力よりもファン・デル・ワールス引力のほうが大きくなりコロイド粒子の凝集が起こる．

3 (○)

4 (○)

5 (×)　外相と同一の溶媒を加えると，エマルションは希釈できる．この場合，外相は油である．

6 (×)　ストークスの式によれば，エマルションの内相の沈降あるいは浮遊の速度は，粒子径の2乗に比例し分散媒の粘度に反比例する．

7 (○)

8 (×)　JP15収載のポリビニルピロリドン（PVP）は水溶性高分子であるが疎水基をもっているので，濃度とともに水溶液の表面張力は低下する（表面活性）．$MgCl_2$の場合には負吸着するので，逆に濃度とともにわずかながら表面張力は大となる．問題9.5の5の解説も参照．

9 (○)

10 (×)　自由沈降により生成した沈積層は，多くの場合ケーキ化している．そのため密度が高く，再分散させにくい．

10 レオロジー

到達目標 流動と変形（レオロジー）の概念を理解し，代表的モデルとレオロジー的性質の測定について説明できる．

10.1 ◆ 変　形

1) レオロジー
液体と固体の中間の性質を示す物質の変形と流動に関する研究の分野をレオロジーという．

2) ひずみと変形
　一般に，単位長さ（面積または体積）当たりの変形量をひずみ strain，単位面積当たりの外力のことを応力 stress という．

　一般に物体の基本的な変形には弾性変形 elastic deformation と流動 flow があり，前者は応力とひずみとの間にフックの法則が成立する．後者の場合には応力とせん断速度（速度勾配）との間にニュートンの法則が成立する．

　応力は外力による物体内部に生じる内力でもあり，その種類には引張り応力 tensile stress，圧縮応力 compressive stress，せん断応力 shearing stress が知られている．

3) 弾性変形と塑性
　応力を加えて物体を変形させた場合，応力を除いても変形の一部はすぐに戻らない場合がある．すぐに戻る変形を弾性変形，戻らない部分を残留ひずみ residual strain と呼ぶ．一般に物体の残留ひずみを有する性質を塑性 plasticity という．

4) 弾性率
　弾性率の表現には，図 10.1 に示す 4 つがよく知られている．

10. レオロジー

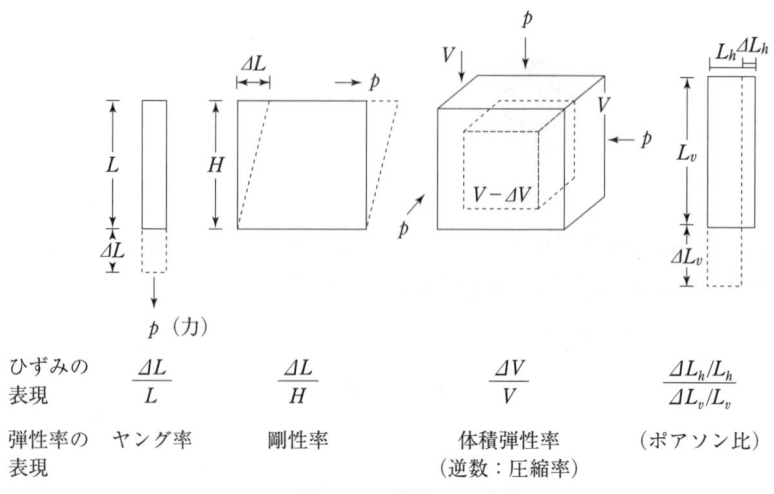

ひずみの表現	$\dfrac{\varDelta L}{L}$	$\dfrac{\varDelta L}{H}$	$\dfrac{\varDelta V}{V}$	$\dfrac{\varDelta L_h/L_h}{\varDelta L_v/L_v}$
弾性率の表現	ヤング率	剛性率	体積弾性率 (逆数：圧縮率)	(ポアソン比)

図 10.1　弾性率の表現方法

問題 10.1 弾性率に関する次の記述のうち，間違っているものはどれか．
1. 弾性変形は通常"ひずみ strain"として表される．ひずみには伸び extension とずり（せん断 shear）がある．
2. ひずみが伸びの場合，その弾性率はヤング率と呼ばれている．
3. ひずみがずりの場合，その弾性率は剛性率と呼ばれている．
4. ひずみが体積の減少の割合である場合は，その弾性率は体積弾性率と呼ばれている．
5. 体積弾性率の逆数はポアソン比と呼ばれている．

解説　設問 1—4 はそれぞれの定義であり，正しい記述である．図 10.1 参照．

5　誤った記述である．体積弾性率の逆数は圧縮率と呼ばれている．ポアソン比は，例えば，棒状の物体を引っ張った場合については，伸びによるひずみと横方向の収縮ひずみの比を考えている．ポアソン比の逆数はポアソン数という．ポアソン比ならびにポアソン数は無次元量である．

正解　5

10.2 ◆ 流　動

1) ニュートン流動

応力を除いた後にも元の位置に戻る傾向のない物体は流動を表し，弾性を示さない．一般に気体や純粋液体は粘性流動に関するニュートンの法則（流動速度は外力に比例する）に従うことが知られている．このときずり応力 S（SI 単位で $N \cdot m^{-2}$）はずり速度 D（SI 単位で s^{-1}）に比例し，次の式が成り立つ．

$$S = \eta \cdot D \tag{10.1}$$

この比例定数 η は粘性率（あるいは粘度）と呼ばれる．η の単位は $Pa \cdot s$ または $kg \cdot m^{-1} \cdot s^{-1}$ である．粘性率の逆数は流動性あるいは流動度 fluidity と呼ばれ，$\phi = 1/\eta$ で表される．工業的によく用いられる動粘度（運動粘性率 ν）は粘性率 η を流体の密度 ρ で割ることで得られる．

$$\nu = \eta/\rho \tag{10.2}$$

SI 単位は $m^2 \cdot s^{-1}$ で表される．

2) レイノルズ数

管を流れる液体の流動の様子は，層流と乱流に分けることができる．

層流では液体の各部分の流れの筋道（流線）が整然と積み重なっている．乱流は流れに対して垂直の方向の非定常な速度成分が増大し，流線が混じり合ってしまう流れである．後述する毛細管型粘度計による粘度測定は層流についてのみ可能である．

流れが層流になるか，乱流になるかの識別する目安としてレイノルズ数がある．レイノルズ数は無次元であり，その値が小さい場合に層流となり，大きいと乱流になる．その境界の値は 2000 ～ 3000 程度とされている．

3) 非ニュートン流動

応力とずり速度の間に式（10.1）の比例関係がある場合，ニュートン流動と呼ばれる．しかし実際は粘性率が応力の大きさにより変化するなど複雑な現象が知られている．ニュートン流動からはずれた挙動を非ニュートン流動と呼んでいる．

さまざまな流動曲線（ずり応力 S とずり速度 D の関係を示す S–D 曲線）を図 10.2 に示す．

138　10. レオロジー

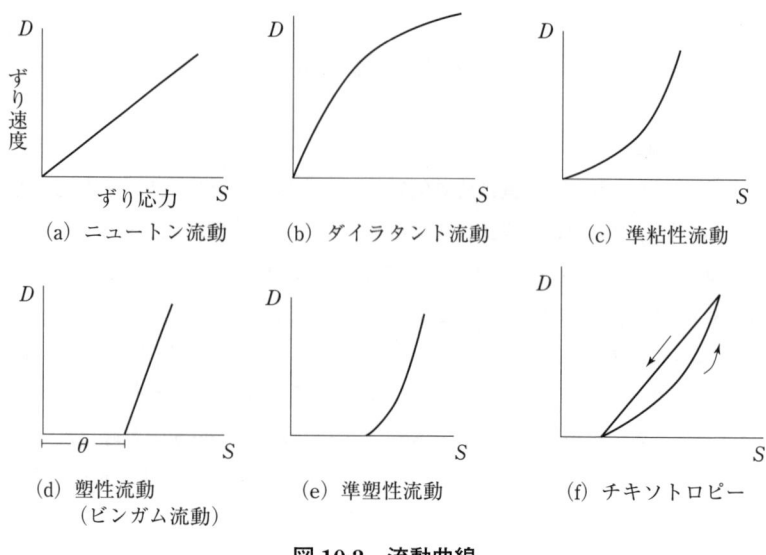

図 10.2 流動曲線

(a) ニュートン流動
(b) ダイラタント流動
(c) 準粘性流動
(d) 塑性流動（ビンガム流動）
(e) 準塑性流動
(f) チキソトロピー

4) S-D 曲線 (a)～(f) の特徴（図 10.2）

(a) **ニュートン流動**：粘性率は一定であり，式(10.1)が成立している．
(b) **ダイラタント流動**：ずり応力およびずり速度の増大は，見かけ粘性率の増加を生じている．
(c) **準粘性流動**：ずり応力およびずり速度の増大とともに，見かけ粘性率の減少を示している．
(d) **塑性流動**（ビンガム流動）：ある応力すなわち降伏値 yield value 以上で初めて流動し，その後は D は S に比例（流動後は粘性率は一定）する．
(e) **準塑性流動**：降伏値が存在する．流動開始後はずり応力の増加とともに，粘性率が低下する．
(f) **チキソトロピー**：ずり応力が増加していくとき（上昇曲線）と減少するとき（下降曲線）とで流動曲線が一致しない．一度破壊された流体の構造が瞬時に再構成されず，再構成に時間がかかる．そのため上昇と下降曲線が一致せず，ヒステリシスループとなる．上昇曲線の表す粘度のほうが下降曲線の表す粘度よりも高くなる．

10.2 流動

問題 10.2 粘性流動に関する次の記述のうち，正しいものはどれか．
1. 粘性率は，粘度ともいわれる物理量である．
2. 粘性率 η の単位は Pa·s^{-1} である．
3. 断熱的状態で粘性流動をさせれば系の温度は低下する．
4. 粘性体でも力学的立場からのエネルギー保存則が成立する．
5. 粘性流動は可逆的過程である．

解説
1. 正しい．
2. 粘性率 η は，ずり応力 S とずり速度 D との関係を表す比例定数として $\eta = S/D$ あるいは $S = \eta D$ と表される．ずり応力の単位は N·m^{-2}，ずり速度の単位は s^{-1} であるから，η の単位は N·m^{-2}·s となる．N·m^{-2} = Pa であるから η の単位は Pa·s である．
3. 粘性流動により発熱するので，断熱的状態では系の温度が上昇する．
4. 弾性体であれば力学的エネルギーが保存されるが，粘性体では粘性（内部摩擦）によって力学的エネルギーの一部が熱エネルギーとして散逸する．この熱エネルギーの散逸は ηD^2 で表される．単位は J·m^{-3}·s^{-1} であり，単位時間，単位体積当たりのエネルギー損失を表している．
5. 等温的状態（熱の出入りが自由）での粘性流動によって発生した熱は系の外に出ていく．すなわち，力学的エネルギーが熱エネルギーとして散逸するので，粘性流動は不可逆過程である．

正解　1

問題 10.3 粘性に関する次の記述のうち，正しいものはどれか．
1. 粘性率 η を液体の密度 ρ で除した値のことを動粘度といい，その単位は m^3·s^{-1} である．
2. 動粘度の値を知りたい場合，毛細管粘度計で未知物質の流下時間を測定したときには，さらにその未知物質液体の密度も測定しなければならない．

3　流体の動粘度（η/ρ）を大きくすると，レイノルズ数は小さくなる．
4　レイノルズ数が 10000 以下であれば，毛細管中の流れは層流を持続できる．
5　ハーゲン-ポアズイユの法則は層流に対して成立するので，動粘度（η/ρ）が小さい液体では，毛細管の半径を十分に大きくする必要がある．

解説　1　η の単位は Pa·s = kg·m^{-1}·s^{-1} であり，ρ の単位は kg·m^{-3} であるから，（η/ρ）は m^2·s^{-1} である．

2　粘度 η_1 および密度 ρ_1 の既知の液体が毛細管粘度計を通り液量 V だけを落下するのに要する時間を t_1 とする．次に粘度未知の液体（η_2, ρ_2）を同量だけ落下するのに要する時間を t_2 とする．このとき，ハーゲン-ポアズイユの法則より $\dfrac{\eta_2}{\rho_2} = \dfrac{\eta_1}{\rho_1} \cdot \dfrac{t_2}{t_1}$ の関係があるので，t_1, t_2 を測定すれば密度 ρ_2 の測定を行わなくても未知の液体の（η_2/ρ_2）の値は得られる．

3　正しい．ある大きさの物体が十分に広い液体の中を一定の相対速度 v で運動しているとき，$R = \rho \cdot l \cdot \dfrac{v}{\eta}$ で定義される量をレイノルズ数という．ここで ρ, η は流体の密度と粘度である．l は物体の大きさ，球なら半径，立方体なら一辺の長さである．定義式からわかるように，流体の動粘度（η/ρ）を大きくすると，R 数は小さくなる．

4　流体の種類や測定条件にもよるが，レイノルズ数（R）2000～3000 以上が乱流発生の目安とされている．

5　毛細管中の流れに対しては，$R = \dfrac{a \cdot v}{(\eta/\rho)}$ の関係が知られている．ここで a は毛細管の半径，v は毛細管中央部での最大速度の 1/2，（η/ρ）は動粘度．R を小さくするには a を小さくする必要がある．

正解　3

問題 10.4 次の記述のうち，正しいものはどれか．

1　弾性固体の変形である流動について，応力とせん断速度の間にフックの法則が成立する．
2　疎水性粒子コロイドと親水性コロイドとでほぼ同一の粘性挙動をとる．
3　非ニュートン性の粘性の原因は，その溶液内部の構造に関係するので，オストワルドは構造粘性と呼んだ．
4　流動の異常現象としてチキソトロピー thixotropy がある．これは物質に力を与えたときに起こる構造の破壊と静置状態における構造の再生との間の時間的一致による．
5　気体では粘性は温度上昇とともに減少するが，液体では温度上昇とともに急激に増大する．

解説

1　一般に物体の基本的変形には，弾性変形と流動がある．弾性変形では応力とひずみとの間に一定の関係があり，理想的な場合にはフックの法則が成立している．粘性流動が理想的な場合には，ニュートンの法則が成立する．

2　疎水性粒子コロイドでは，粒子濃度の増加に伴う粘度の増加は比較的小さい．しかし親水性コロイドでは，希薄溶液でもその粘度の大きいことが知られている．多くの場合，その流動はニュートンの式に従わず，粘性率 η は定数とはならない．

3　正しい．高分子溶液やコロイド分散系では，溶けている高分子自身が長く伸びてもつれ合ったりあるいは粒子間に会合が生じたりして，溶液中である種の構造ができあがる．その構造はずり応力とともに崩壊してみかけの粘度が低下する．このような溶液内部の構造に関係する非ニュートン性粘度を構造粘性と呼んでいる．

4　粒子間結合が比較的弱い場合に生じる現象であり，構造の破壊と構造の再生との間の時間的ズレが原因である．そのために S-D 曲線上にヒステリシスループが見られる．

5 気体では粘性は温度上昇とともに増大するが，液体では温度上昇とともに急激に減少する．すなわち，流動性（粘性率の逆数）は増大する．粘度と温度とは次のアンドレードの式で関係づけられる．

$$\eta = Ae^{\Delta E/RT}$$

ここで，ΔE は流動の活性化エネルギー，A は定数である．温度が上昇すれば，粘性率 η は低下し，流動性は上昇する．

正解 3

問題 10.5 下図の流動曲線に関する記述のうち，間違っているものはどれか．

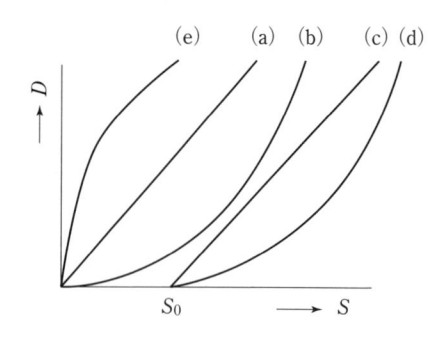

1 (a)はニュートン流動を示している．粘性率 η がせん断速度(D)に無関係に一定で，せん断速度（ずり速度）とせん断応力（ずり応力）(S)との間に比例関係がある．
2 (b)は準粘性流動を示している．せん断応力が増すにつれて，せん断速度は増大するが，みかけの粘度は低下する．
3 (c)は塑性流動またはビンガム流動と呼ばれている．流動曲線は原点を通らず，降伏値(S_0)以下では流動は生じない．
4 (d)は擬塑性流動を示している．降伏値以上のずり応力で，応力が増加するほど粘性率 η は増大し，せん断速度も増加する．
5 (e)はダイラタント流動を示している．せん断応力が増すにつれ，見かけの粘性率 η は増大し，せん断速度の増加率は減少する．

10.3 粘弾性

解説 1 物体の流動はニュートンの法則に従う．せん断速度 D（s^{-1}），せん断応力 S（$N \cdot m^{-2}$）と粘性率 η（$N \cdot m^{-2} \cdot s$）の関係は $S = \eta \cdot D$ の式で表される．比例定数 η の逆数は流動性あるいは流動度 fluidity，ϕ と呼ばれ，$\phi = 1/\eta$ で表される．
2 非ニュートン流動では粘性率が一定でない場合が多いので，粘性率に代わって見かけの粘度ということが多い．準粘性流動は，無秩序に存在していた粒子が応力の増加につれて流線に沿って配向するために生じる．
3 降伏値で足場構造が壊れ，流動が始まれば，ニュートン流動様の挙動を示す（流動開始後，粘性率は一定を示す）．
4 間違った記述である．降伏値以後，せん断応力の増加により粘性率 η は低下し，せん断速度 D は増加する．
5 S が小さいときは粒子の充てん状態は密であるが，S が増加すると粗な状態となり，溶媒が新しく生じた空隙の部分に入りこんで，粒子が凝集し，流動性が小さくなる現象がダイラタントである．

正解　4

10.3 ◆ 粘弾性

　粘性流動と弾性の両方の特性を示す物質は粘弾性物質 viscoelastics と呼ばれる．弾性変形と流動との組合せを理解し，その考察を容易にするため，力学的模型が一般的に用いられている．弾性変形をバネ spring の伸びで，粘性流動をダッシュポット dashpot で表す．この粘弾性を説明するのに，二つの簡単なモデルがある．一つはマクスウェルモデルで応力緩和現象が説明され，他の一つはフォークトモデルでクリープ現象が説明される．

1）マクスウェル粘弾性

　応力に対して粘性と弾性とが同時に直列に働くような物体をマクスウェル物体と呼ぶ．次の式でマクスウェル粘弾性を示すことができる．

$$\frac{1}{G} \cdot \frac{dS}{dt} + \frac{S}{\eta} = 0 \tag{10.3}$$

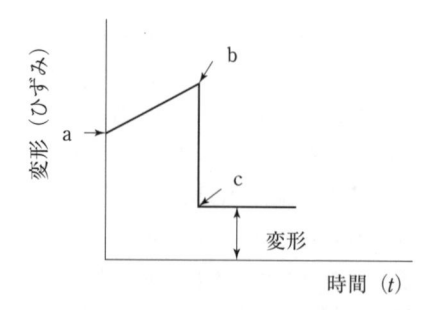

図10.3 マクスウェルモデルでの変形の時間度化

ここで S は応力，G は弾性率，η は粘性率である．式(10.3)を変数分離し積分すると，式(10.4)となる．

$$S = S_0 e^{-(G/\eta)t} \qquad (10.4)$$

ここで，S_0 は $t = 0$ での応力．

式(10.4)より，一定量の変形を与え，その変形を維持するとき，応力は時間とともに指数関数的に減少すること（緩和）が示される．$S = S_0/e$ となる時間を緩和時間 τ と呼ぶ．$\tau = \dfrac{\eta}{G}$ となり，η が大きいほど，また G が小さいほど，緩和時間は長い．

マクスウェルモデルでの外力と変形の関係を考察すると，図10.3のような関係が理解できる．外力を加えたとき，バネは瞬時に外力に応答するので図の原点からaへの変化が瞬時になされる．図のa→bはダッシュポットによる遅れた応答を示している．b→cは外力を除いてバネが瞬時に元に戻った状態であり，ダッシュポットによる変形は元に戻らずそのまま残っている．

2) フォークト粘弾性

応力に対して粘性と弾性とが同時に並行して対応するような物体をフォークト物体またはケルビン固体と呼ぶ．次の式でフォークト粘弾性を示すことができる．

$$S = G \cdot \gamma + \eta \frac{d\gamma}{dt} \qquad (10.5)$$

ここで，S は応力，γ はひずみ（＝変形），G は弾性率，η は粘性率である．応力が一定値 S_0 に保たれているとして積分すると，

$$\gamma = \frac{S_0}{G}\left(1 - e^{-(G/\eta)t}\right) \qquad (10.6)$$

10.3 粘弾性

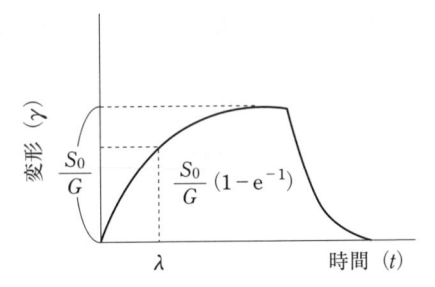

図 10.4 フォークトモデルでの変形の時間変化

となり，ひずみは時間とともに増加することを表している．十分に長い時間が経つと $\gamma = S_0/G$ となり，ひずみ γ は一定値に達する．このように一定応力下でひずみが時間とともに増加する現象はクリープ現象と呼ばれる．フォークトモデルでは，外力に対する応答は遅いが，外力を取り除くとひずみは元に戻る．この現象をクリープ回復という．

$\gamma = \{S_0(1-e^{-1})\}/G$ となる時間を遅延時間（$\lambda = \eta/G$）という．粘性率 η が小さいほど，また弾性率 G が大きいほど，応答が速く，遅延時間 λ は短くなる．

問題 10.6 粘弾性 viscoelasticity に関する次の記述のうち，正しいものはどれか．

1. 粘弾性を説明するのに代表的な二つのモデルがある．弾性モデルとしてバネを，粘性モデルをダッシュポットを用い，それらを直列に配置したのがフォークトモデルで，並列に配置したのがマクスウェルモデルである．

2. 一定のひずみを与え続けるために加えるべき応力の時間変化を調べると，初期に応力は大きく，時間とともに応力が減少することがある．これを応力緩和という．

3. 応力緩和における緩和時間 τ は，定義（$S = S_0/e$ になるのに要する時間）より $\tau = \dfrac{G}{\eta}$ である．したがって G/η が大であるほど緩和時間は長くなる．

4. 一定の応力を加え続けたとき，粘弾性物質のひずみが時間と

ともにどのように減少していくかを示すのがクリープ曲線である．
5　クリープ曲線においても応力緩和時間と同様に変形の最大値の 1/e となる時間を遅延時間という．

解説
1　直列に配置したのがマクスウェルモデル，並列に配置したのがフォークトモデルである．
2　正しい．マクスウェルモデルでは，$S = S_0 e^{-(G/g)t}$ の関係式が得られる．ここで S は応力，S_0 は $t = 0$ での S，G はのび弾性率，η は粘性率である．したがって，応力は時間(t)とともに，指数関数的に減衰する．
3　$S = S_0 e^{-(G/g)t}$ より，緩和時間 τ は $\dfrac{\eta}{G}$ である．
4　フォークトモデルによると，$\gamma = \dfrac{S_0}{G}(1 - e^{-(G/g)t})$ が得られる．この式はひずみ γ が時間とともに増大することを示している．十分長い時間が経つと，$\gamma = S_0/G$ で一定となる．一定の応力(S_0)のもとでひずみ(γ)が時間(t)とともに増加する現象は，クリープ現象と呼ばれる．また外力を取り除くと，ひずみは元に戻る．これをクリープ回復という．
5　ひずみ γ が $\{S_0(1 - e^{-1})\}/G$ になるまでの時間が遅延時間($\lambda = \eta/G$)である．遅延時間の大小は η/G の大小で決まる．

正解　2

10.4 ◆ レオロジー的性質の測定

1) 粘度計の種類
① 毛細管型粘度計
毛細管中を流れる流体の流速から粘度を求める装置であり，原理的にはハーゲン-ポアズイユの法則を用いている．通常あらかじめ粘度既知の標準物質（例えば水）について流速を求め，この値を基準にして未知試料の粘度を相対的に算出する．ニュー

トン流動体の粘度測定に適する．

② **落球粘度計**

一定径の球が液体中を等速度で落下するときの速度から粘度を求める装置である．原理的にはストークスの粘性抵抗力と重力の釣合いを用いている．

③ **回転粘度計**

種々の装置が考案されているが，ここではクェット型の粘度計を述べる．同心二重円筒の間隙に試料液体を満たし，外筒を一定角速度で回転させ，内筒のねじれ角を測定する．液体の粘度が高いほど，また外筒の回転角速度が大きいほど，内筒のねじれ角は大きくなる．この粘度計は毛細管型粘度計よりも広い範囲の粘度測定が可能であり，ニュートン流動にも非ニュートン流動の研究にも用いることができる．

10.5 ◆ 粘度の表示法

1) 粘度データの整理

① **相対粘度**

溶媒と溶液の粘度をそれぞれ η_0, η とするとき，次式で定義される量を相対粘度といい，η_r で表す．

$$\eta_r = \frac{\eta}{\eta_0} \tag{10.7}$$

② **比粘度**

溶液の粘度が溶媒の粘度に対して増加した割合を示すため定義された量．比粘度といい，η_{sp} で表す．

$$\eta_{sp} = \frac{\eta - \eta_0}{\eta_0} = \frac{\eta}{\eta_0} - 1 \tag{10.8}$$

③ **還元粘度**

溶液の粘度は溶質の濃度により変化するので，単位濃度(c)当たりの粘度の増加率を示す還元粘度 η_{red} を定義する．c は g/100 mL（= g/dL）の単位で表すことが多い．

$$\eta_{red} = \frac{\eta_{sp}}{c} \tag{10.9}$$

④ **固有粘度**

濃度の影響を除き，溶質分子に固有な性質を比較するために，固有粘度（極限粘度とも呼ばれる）を次のように定義し，記号 $[\eta]$ で表す．

$$[\eta] = \lim_{c \to 0} \left[\frac{\eta_{sp}}{c} \right] \tag{10.10}$$

高分子溶液においては，溶質の分子量 M と $[\eta]$ の間に次式が成立することが経験的に知られている.

$$[\eta] = K \cdot M^\alpha \tag{10.11}$$

ここで K と α は，溶媒と温度および高分子の種類によって定まる定数であって，重合度に関係しない．分子量既知物質を用いて K と α の値を定めておけば，固有粘度の測定から分子量未知物質の分子量を算出することができる．

問題10.7 粘度（粘性率）の表示法に関する次の記述のうち，正しいものはどれか．

1. 溶液の粘性率を η，溶媒の粘性率を η_0 としたとき，$\eta_{rel} = \eta_0/\eta$ を相対粘度という．
2. 溶液の粘度の溶媒の粘度に対する増加率 $\eta_{sp} = 1 - \eta_{rel}$ を比粘度という．
3. 溶液の粘度は溶質の濃度 c によって変わる．単位濃度当たりの粘度の増加率 $\eta_{red} = \eta_{sp}/c$ を還元粘度という．
4. 還元粘度の濃度 ∞ への外挿値

    $$[\eta] = \lim_{c \to \infty} [\eta_{sp}/c]$$

    を極限粘度（固有粘度）という．
5. アインシュタインは，希薄なサスペンション系の粘度 η に対して，$\eta = \eta_0(1 - 2.5\phi)$ を得ている．ここで ϕ は懸濁粒子の体積分率である．

解説
1. $\eta_{rel} = \eta/\eta_0$ が相対粘度である．
2. $\eta_{sp} = (\eta - \eta_0)/\eta_0 = \eta_{rel} - 1$
3. 正しい．
4. 還元粘度の無限希釈への外挿値

    $$[\eta] = \lim_{c \to 0} [\eta_{sp}/c]$$

    が正しい．

5　$\eta = \eta_0 (1 + 2.5\phi)$ が正しい．アインシュタインの粘度式は $\eta_{\text{rel}} = \eta/\eta_0 = 1 + 2.5\phi$ とも $\eta_{\text{sp}} = 2.5\phi$ とも書ける．

【追補】ϕ は懸濁粒子の体積分率であるので，試料溶液 1 cm^3 中にある懸粒粒子の体積（cm^3）を表している．したがって，体積分率 ϕ は同時に懸濁粒子の体積濃度（懸濁粒子 cm^3/ 試料溶液 1 cm^3）も表している．

正解　3

◆ 確認問題 ◆

次の文の正誤を判別し，○×で答えよ．

☐☐☐ **1**　懸濁液でチキソトロピー性が著しく強いと，沈降速度は減少し，懸濁安定性が向上する．

☐☐☐ **2**　ずり応力（せん断応力）S とずり速度（せん断速度）D との関係が直線を示すものはニュートン流体と呼ばれ，直線の傾斜 D/S は粘性率（または粘度）と呼ばれる．

☐☐☐ **3**　塑性流動を示すものには，その流動曲線（レオグラム）に降伏値は認められない．

☐☐☐ **4**　一般に温度とともに，純液体の粘性率（粘度）は低下するが，気体では上昇する．

☐☐☐ **5**　動粘度の SI 単位は m^2/s である．

☐☐☐ **6**　高分子溶液の比粘度を測定すれば，その高分子の分子量を知ることができる．

☐☐☐ **7**　チキソトロピーをおおまかにいえば，外力を加えることにより流動性が高まる性質である．逆に外力を加えると分散性が低下し，分散系が固化する現象もある．

☐☐☐ **8**　液体に細い棒を浸し一定速度で引き上げるとき，粘弾性液体では棒と液の間に張られた糸は弾性をもつためになかなか切れず，単純な粘性液体に比べてかなりの長さまで伸びる．このような現象を曳糸性 spinnability と呼ぶ．

☐☐☐ **9**　液体の粘性率（粘度）は，圧力とともに低下する．

☐☐☐ **10**　容器に入れた通常のニュートン流体を回転撹拌機で撹拌すると，遠心力

により回転軸の周囲の液面は低くなり，容器の周囲では高くなる．この現象はワイセンベルグ効果 Weissenberg effect と呼ばれる．

正 解

1（○） チキソトロピー性が強いと，チキソトロピー性のない場合に比べ，見かけの粘度が増加し，粒子の沈降速度が減少するので，懸濁液の安定性はよくなる．極端な場合には擬塑性流動のようなふるまいをする．

2（×） ニュートン流体では，
$$ずり速度 D = (1/\eta) \times ずり応力 S$$
が成立している．ずり速度 D はずり応力 S に比例し，比例定数（＝傾き，D/S）は $(1/\eta)$ である．

3（×） レオグラム上で曲線が原点を通るかどうかで，粘性流動か塑性流動かに分類できる．ニュートン流動，準粘性流動，ダイラタント流動以外には降伏値が認められる．

4（○） 液体の粘性率と温度の関係はアンドレードの関係式を考えればよい．気体の粘性率は絶対温度の平方根に比例する．すなわち，$\eta \propto \sqrt{T}$．なお，気体の粘性率はおおよそ $10\ \mu\mathrm{Pa \cdot s}$ 程度である．

5（○） 動粘度 ν は，粘性率 η を同温度でのその液体の密度 ρ で割った値 η/ρ であり，その SI 単位は $\mathrm{m^2/s}$ である．通例の実用単位としては $\mathrm{mm^2/s}$ が用いられる．なお，粘性率 $\mathrm{Pa \cdot s}$ の実用単位は $\mathrm{mPa \cdot s}$ である．

6（×） 固有粘度（極限粘度 $[\eta]$）を実験的に求め，さらに同一の高分子について
$$[\eta] = KM^\alpha$$
で表されるパラメータ K と α とがわかれば，分子量 M を算出することができる．ただし，$[\eta]$, M, α は同一温度のデータでなければならない．

7（○） コロイド溶液のゲル化（固化）が，適当な振とうにより，促進される現象はレオペクシー rheopexy と呼ばれる．また，少量の液体を含んだ粗大分散系が，急激なひずみを受けることにより，硬化する現象はダイラタンシー dilatancy と呼ばれる．

8（○） 卵白，納豆の粘液などは著しい曳糸性を示す．

9（×） 液体の粘性率は圧力とともに上昇する．一般に 1000 気圧程度では影響がみられないが，10000 気圧前後になると常圧での粘性率の 10 倍程度，あるいはそれ以上の増加がみられる．なお，気体の粘性率は圧力に無関係で

ある.

10（×） 粘弾性液体で同様なことを試みると，逆に回転軸周囲の液面が高くなり，回転軸から遠ざかり容器周辺に近づくほど液面は低くなる．ちょうど回転軸の回りを液体がはい上がるような状態となる．この現象がワイセンベルグ効果である．

11 拡散・膜透過

11.1 ◆ 拡 散

到達目標 拡散について説明できる.

熱運動をしている水などの溶媒の中で，濃度勾配に従って物質が移動する現象を拡散という．

1) フィックの第一法則

単位面積を単位時間に横切る溶質の物質量を流束 J（SI 単位は $\mathrm{mol \cdot m^{-2} \cdot s^{-1}}$）という．フィックの第一法則によると，流束 J は溶質の濃度 C の位置勾配に比例する．x 軸方向の流束のみを取り扱う場合，

$$J = -D\frac{\partial C}{\partial x}$$

のように与えられる．このとき比例係数 D を拡散係数という．拡散は高濃度側から低濃度側へと物質が移動する現象であるので，右辺に負号を付けて J が正となるように定義する．

2) 拡散係数

拡散係数は次のアインシュタイン-ストークスの関係式

$$D = \frac{kT}{6\pi\eta r}$$

で与えられる．ここで k はボルツマン定数，T は絶対温度，η は溶媒の粘性率，r は溶質分子のストークス半径である．拡散係数 D の SI 単位は $\mathrm{m^2 \cdot s^{-1}}$ である．

3) フィックの第二法則

濃度の時間変化が濃度勾配の空間変化率に比例することを示す次の関係

11. 拡散・膜透過

$$\frac{\partial C}{\partial t} = D\frac{\partial^2 C}{\partial x^2}$$

をフィックの第二法則という．これは位置 x について 2 階，時間 t について 1 階の偏微分方程式であり，適当な初期条件，境界条件を与えると，t および x の関数として濃度 $C(t, x)$ を求めることができる．ここで初期条件とは，ある時刻 t の溶質濃度を位置座標 x の関数 $C(x)$ として与えることである．また境界条件とは，拡散が行われる領域の境界での濃度を時間の関数 $C(t)$ として与えることである．

問題 11.1 拡散に関する次の記述のうち，正しいものはどれか．
1. 濃度と拡散係数の積から，流束を求めることができる．
2. ある領域で溶質の濃度勾配が一定であれば，その領域の濃度は時間変化しない．
3. 初期条件，境界条件を与えることにより，フィックの第一法則から溶質の濃度分布を計算することができる．
4. 溶質の拡散係数は，アインシュタイン−ストークスの関係式によれば，溶媒の温度と粘性率および溶質の流束の関数である．
5. 溶質の拡散の駆動力は，溶媒間の分子間相互作用である．

解説
1. フィックの第一法則では，溶質の拡散係数と濃度勾配の積から流束が求められる．濃度からは求められない．
2. 正しい．フィックの第二法則から，濃度勾配 ($\partial C/\partial x$) が一定の場合には $\partial^2 C/\partial x^2 = 0$ となるので，濃度は時間変化しない ($\partial C/\partial t = 0$)．
3. 初期条件および境界条件を与えることにより，濃度を時間および空間の関数として求めることができるのは，フィックの第二法則である．
4. アインシュタイン−ストークスの関係式から，拡散係数は溶媒の温度に比例し，溶媒の粘性率および溶質のストークス半径に反比例する．流束にはよらない．一方，フィックの第一法則によれば，流束と濃度勾配が測定できれば拡散係数 D が求まる．
5. 拡散の駆動力は，簡単にいえば濃度勾配，熱力学的にいえば

溶質の化学ポテンシャル μ の位置勾配に負号を付けたもの $(-(\partial\mu/\partial x))$ である.

正解 2

問題 11.2 ある溶媒の温度が 300 K のときの粘性率は 8.5×10^{-4} Pa s である.この溶媒中を,近似的に球とみなしうる分子が拡散係数 1.0×10^{-10} m^2 s^{-1} で拡散している.この分子のストークス半径に近い値を以下の中から選べ.ただし,気体定数とアボガドロ数はそれぞれ 8.3 J mol^{-1} K^{-1} および 6.0×10^{23} mol^{-1} とする.

1　2.6 nm
2　3.9 nm
3　5.2 nm
4　8.1 nm
5　15.0 nm

解説　アインシュタイン-ストークスの関係式からストークス半径は,

$$r = \frac{kT}{6\pi\eta D} = \frac{RT}{6\pi\eta N_A D} = 2.6 \times 10^{-9} \text{ m} = 2.6 \text{ nm}$$

で求められる.1 m = 10^9 nm に注意.なお,ボルツマン定数 (k) = 気体定数 (R) / アボガドロ数 (N_A).

正解 1

◆ 確認問題 ◆

次の文の正誤を判別し,○×で答えよ.

□□□　1　溶質の流束は濃度勾配に比例する.
□□□　2　薬剤分子は,化学ポテンシャルの高いところから低いところへ拡散する.
□□□　3　流束および拡散係数の単位は,それぞれ mol s^{-1} および m^2 s^{-1} である.
□□□　4　溶媒の粘性率が増大すると,溶質の拡散係数が大きくなる.
□□□　5　温度の上昇により,拡散係数が大きくなる.

156　11. 拡散・膜透過

□□□ **6** 水中の高分子の拡散は，高分子どうしの衝突によるブラウン運動の結果生じる．

正　解

1（○）

2（○）

3（×）　流束の単位は $mol\ m^{-2}\ s^{-1}$.

4（×）　小さくなる．

5（○）

6（×）　水分子が高分子に衝突することによる．もちろん高分子の拡散には，高分子の濃度勾配および化学ポテンシャルの勾配が関与しているともいえる．

11.2 ◆ 分配法則

到達目標　分配係数とその応用例について説明できる．

　油と水のような2種類の混ざり合わない溶媒が，1つの容器の中で接触して存在する場合を考える．そこへいずれの溶媒にも溶ける溶質を溶解させると，溶質の濃度とは無関係に，2つの溶媒中の溶質の濃度比が一定になる．油相および水相中の溶質Aの濃度をそれぞれ $[A]_o$ および $[A]_w$ とするとき，その濃度比，

$$K = \frac{[A]_o}{[A]_w}$$

を分配係数という．

　トルエン/水系への安息香酸の分配では，安息香酸はトルエン中で2分子からなる会合体を形成する．一方，水中では単量体で溶解する．このように，油相中では溶質分子Aがn個会合した A_n が安定であり，水相中では単量体 A_1 が安定な場合を考える．油相中の会合平衡

$$nA_1 \rightleftarrows A_n$$

に伴う平衡定数を K_{agg} とすると，

$$K_{agg} = \frac{[A_n]_o}{[A_1]_o^n}$$

と表せる．

油水両相に共通して溶けている化学種を用いて定義した分配係数を，真の分配係数という．ここでは A_1 の真の分配係数は，

$$K_r = \frac{[A_1]_o}{[A_1]_w}$$

と表すことができる．

油相中ではAのほとんどは会合体 A_n で存在し，Aの単量体 A_1 はほとんど油相中に存在しないと仮定する．このとき油相でのAの見かけの濃度 $[A]_o$ は，

$$[A]_o \approx n[A_n]_o$$

と近似できる．したがって，見かけの分配係数 K' を次式のように表しておくと，K_r との間に，

$$K' = \frac{[A]_o}{[A_1]_w^n} \approx \frac{n[A_n]_o}{[A_1]_w^n} = nK_{agg}K_r^n$$

あるいは，この式を書きなおして，

$$\frac{([A]_o)^{1/n}}{[A_1]_w} = \sqrt[n]{K'} = K_r\sqrt[n]{nK_{agg}} = 一定$$

という関係が成り立つ．したがって，$\log[A_1]_w$ に対して $\log[A]_o$ をプロットしたときの勾配から，油相中での会合数nを求めることができる．

問題 11.3 非会合性の弱酸の分配係数に関する記述のうち，誤っているものはどれか．

1 見かけの分配係数とは，水相中の分子型およびイオン型の溶質濃度の和で表される全濃度に対する油相中の分子型の濃度の比である．

2 真の分配係数は，油相と水相に共通の化学種である分子型の濃度を用いて計算する．

3 水相中の分子型およびイオン型の合計で表される全濃度に対する分子型濃度の比を X とすると，見かけの分配係数 K' は，真の分配係数 K_r と X の積で表される．

4 見かけの分配係数は pH によって変化するが，真の分配係数は変化しない．

5 pH の上昇に伴って，弱酸の見かけの分配係数は増加する．

解説 1 選択肢問題文の記述内容は正しい．HAで表される弱酸が水相と油相の間で分配平衡にある場合，水相中では弱酸の一部が解離してイオン型と分子型が共存し，油相中では解離せず分子型のみが存在する．水相に溶解している弱酸の全濃度は，$[HA]_w + [A^-]_w$ となるので，見かけの分配係数 K' は，

$$K' = \frac{[HA]_o}{[HA]_w + [A^-]_w}$$

となる．

2 正しい．油水2相間に分配される化学種が同一のときの分配係数を，真の分配係数という．弱酸の場合，2相に共通なものは分子型であるので，真の分配係数は，

$$K_r = \frac{[HA]_o}{[HA]_w}$$

で与えられる．

3 正しい．水相中の分子型およびイオン型の全濃度に対する分子型濃度の比

$$X = \frac{[HA]_w}{[HA]_w + [A^-]_w}$$

を用いると，$K' = K_r X$ という関係が成り立つ．

4 正しい．K_r は pH に依存しないが，X は pH によって変化する．したがって，K' も pH によって変化する．

5 記述内容は誤り．HA の酸解離平衡での pK_a（$= -\log K_a$，K_a は酸解離定数）および pH を用いて

$$X = \frac{1}{1 + 10^{pH - pK_a}}$$

と表すことができる．したがって，pH が増加すると弱酸の電離が進んで X の値が小となる．また pH が pK_a を超えると急激に K' が減少する．

正解 5

問題 11.4 ある薬物が水 200 mL 中に 100 mg 溶けている．この溶液に 1-オクタノール 200 mL を混合し，よく振とうしたのち平衡状態に至らせた．このときオクタノール中に溶解している薬物の質量は次のどれか．ただし，この薬物のオクタノール / 水分配係数は 4 とする．

1　20 mg
2　40 mg
3　60 mg
4　80 mg
5　100 mg

解説　薬物の油相および水相の濃度をそれぞれ C_o，C_w とする．分配係数が 4 であり，また油水 2 相に溶けている薬物の合計が 100 mg であるから，

$$C_o = 4 \times C_w$$

および

$$200 \times C_w + 200 \times C_o = 100$$

$$\therefore C_o = 0.4 \text{ mg/mL}$$

200 mL のオクタノール中には 80 mg の薬物が溶解している．

　ちなみに，200 mL の薬物水溶液にオクタノール 100 mL を加え抽出させる操作を 2 回繰り返した場合についても計算してみよう．

　1 回目については，$200 \times C_w + 100 \times C_o = 100$ であるので，

$$C_o = 0.67 \text{ mg/mL}. \quad \therefore 100 \text{ mL では } 67 \text{ mg}.$$

　2 回目については，すでに 1 回目で 67 mg を抽出ずみであるので残りは水中にある 33 mg である．したがって，2 回目については $33 = 200 \times C_w + 100 \times C_o$ となるので，

$$C_o = 0.22 \text{ mg/mL}. \quad \therefore 100 \text{ mL では } 22 \text{ mg}.$$

合計 89 mg を抽出することが可能となる．同じ量のオクタノールを用いるならば，2 回に分けたほうが多くの薬物を抽出できる．

正解　4

◆ 確認問題 ◆

次の文の正誤を判別し，○×で答えよ．

□□□ **1** 分配係数が大きいとき，溶質の水への親和性は高い．

□□□ **2** 分配係数は，温度や圧力が一定であれば溶かした溶質の量に依存しない．

□□□ **3** 分配係数は，油水2相における溶質の標準化学ポテンシャルの差から計算できる．

□□□ **4** 理想溶液として扱えない場合でも，分配係数の計算には濃度を用いる．

□□□ **5** 薬物がpHによってイオン型や分子型に変化する場合，分子型は親水的，イオン型は疎水的である．

□□□ **6** pHによってイオン型と分子型の割合が変化することにより細胞への吸収率が変化することを，pH吸収仮説という．

□□□ **7** オクタノール/水分配係数は，薬物の吸収率や薬物受容体との疎水性相互作用の予測のために利用されている．

□□□ **8** 有機化学の実験などで用いられる抽出操作は，油水分配を利用したものである．

正 解

1（×） 分配係数は油相濃度/水相濃度で表されるので，油相への親和性が高い．

2（○）

3（○）

4（×） 濃度の代わりに活量 a を用いる．分配係数は $K = a_o/a_w$ となる．

5（×） 分子型が疎水的，イオン型が親水的である．

6（×） pH分配仮説．

7（○）

8（○）

11.3 ◆ 膜透過と DDS

到達目標 膜透過と DDS について説明できる．

1) 膜透過

溶質が透過可能である膜の両側に，溶質の濃度の異なる溶液が接している．このとき濃度差を打ち消す方向に溶質が移動する．このような自発的に起こる物質輸送を受動輸送という．受動輸送による溶質の膜透過は，膜という媒体中での拡散現象と解釈することができる．

図 11.1 のように膜の両側で溶質の濃度が異なる場合，膜を透過する溶質の単位面積当たりの流束 J は，膜中の溶質分子の拡散係数 D および膜の厚さ h を用いて，フィックの第一法則より

$$J = \frac{D(C_2 - C_3)}{h} = \frac{DK(C_1 - C_4)}{h} = P(C_1 - C_4)$$

と表せる．ここで P を膜透過係数（$= DK/h$）という．なお，上式の記述に際して，膜と溶液の間の分配係数 $K = C_2/C_1 = C_3/C_4$ を用いた．

低濃度側の濃度 C_3 および C_4 が 0 とみなせるシンク条件では，流束は $J = PC_1$ となる．したがって，高濃度側の濃度 C_1 が一定とみなせるならば，流束も一定となる．

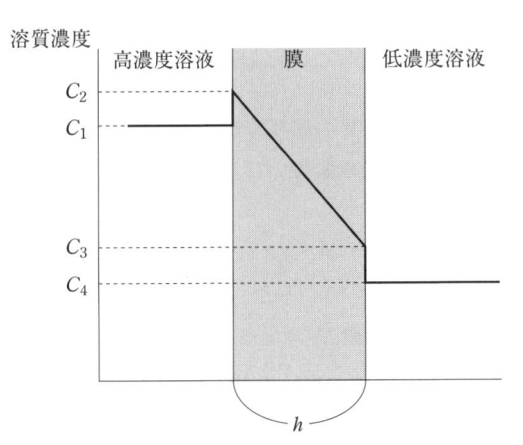

図 11.1 膜透過における溶質の濃度変化

2) DDS

薬物を，必要な部位に，必要な量，必要な時間だけ送るための送達システムをドラッグデリバリーシステム（DDS）という．DDS には，製剤からの薬物の放出速度を制御する"放出制御"のほか，低い膜透過性の薬物の吸収性を改善した"吸収改善"，および生体内での薬物の動きを制御し，目的の臓器や組織に選択的に搬送する"ターゲティング（標的指向化）"などがある．

放出制御型 DDS の一例として，飽和濃度以上に薬物を分散させたリザーバーを水に不溶な高分子膜で被覆させ，放出速度を制御する方法がある．高分子膜中での薬物の拡散が律速となる場合，膜の厚さを変えることにより薬物の放出速度を制御できる．この場合，薬物の放出速度は，前出の膜透過の流束 $J = P(C_1 - C_4)$，あるいはそのシンク条件の式 $J = PC_1$ によって求めることができる．

問題 11.5 膜を透過する溶質の膜透過係数が 1×10^{-14} cm s^{-1} であった．膜で隔てられた 2 つの溶液間の溶質の濃度差が 1 M であるとき，膜の面積 1 cm^2 を 1 秒間に透過する溶質分子の個数はいくつか．以下のうち最も近い値を選択せよ．

1. 6 個
2. 6×10^3 個
3. 6×10^6 個
4. 6×10^{12} 個
5. 6×10^{18} 個

解説 膜の両側の溶質の濃度差を ΔC とすると，流束は $J = P\Delta C$ で与えられる．単位の取扱いに注意し，アボガドロ数 (6×10^{23}) mol^{-1} を用いると

$$J = (1 \times 10^{-14}) \times (1 \times 10^{-3}) \times (6 \times 10^{23})$$
$$= 6 \times 10^6 \text{ （単位：s}^{-1} \cdot \text{cm}^{-2}\text{）}$$

アボガドロ数 N_A は mol^{-1} の単位をもっている．1 M は計算に際して 1 M = 1 mol/dm^3 = 10^{-3} mol/cm^3 と換算する．

正解 3

問題 11.6 レシチンの単分子膜と大豆油からなる o/w 型エマルションで，脂溶性薬物を封入することができる標的指向型 DDS はどれか．
1 マトリックス型製剤
2 リピッドマイクロスフェア
3 高分子ミセル
4 プロドラッグ
5 リポソーム

解説 1 マトリックス型製剤は放出制御型 DDS の一種で，高分子あるいは低分子物質からなっている網目状構造の中に薬物を詰め込んだもの．
2 正しい．o/w 型エマルションなので，液滴内部に脂溶性薬物を封入できる．
3 標的指向型 DDS の一種．親水性と疎水性をもつ合成高分子が水中で会合し，ミセル構造をとる．薬物を内包し運搬する．
4 薬物分子に適当な置換基を導入し，吸収性や水溶性を改善したもの．置換基は体内で酵素によって切断され，薬効のある分子形へと変換される．
5 脂質 2 分子膜からなる小胞．脂質および水相からなるため，脂溶性および水溶性いずれの薬物も内包することができる標的指向型 DDS である．選択肢 2 の表皮は単分子膜状になっているが，選択肢 5 の表皮は 2 分子膜であり，それが小胞の袋を形成する．

正解 2

◆ **確認問題** ◆

次の文の正誤を判別し，○×で答えよ．
□□□ 1 膜透過の駆動力となるのは，膜の両側の溶質濃度差による濃度勾配である．
□□□ 2 膜透過係数は，溶質の濃度に依存する．

□□□ 3 膜透過係数は，溶質分子の膜中での拡散係数に依存する．
□□□ 4 膜透過係数は，膜と溶液間の溶質の分配係数には依存しない．
□□□ 5 シンク条件のもとでは，膜透過する溶質の移動量は高濃度側の溶質濃度に比例する．
□□□ 6 シンク条件を満たし，かつ高濃度側の溶液濃度が一定であれば，透過量は透過時間に比例する．
□□□ 7 高分子ミセルは，脂質二分子膜からなる小胞体で，脂溶性，水溶性いずれの薬物も包含できる標的指向型 DDS である．
□□□ 8 高分子皮膜を用いた放出制御型 DDS では，皮膜の厚みが増すほど薬物放出速度が増加する．

正　解

1（○）
2（×）　溶質濃度に依存しない．
3（○）
4（×）　分配係数に依存する．
5（○）
6（○）
7（×）　高分子ミセルは，両親媒性の高分子からなり，ミセル構造をとる．
8（×）　皮膜が厚くなると膜透過係数が小さくなり，放出速度が小さくなる．

11.4 ◆ 溶解速度

到達目標　溶解速度について説明できる．

　溶解が進行しつつある固体の表面には，図 11.2 に示すように，溶質が飽和溶解した飽和層と濃度勾配を伴う拡散層があり，その外側に濃度一定の溶液が広がっている．通常，溶解過程は，固体表面から溶質分子が溶け出す過程と，溶けた溶質が拡散する過程からなり，一般に，前者は後者に比べて十分速やかに進む．したがって，溶解速度を決定しているのは拡散層での拡散過程であり，これを拡散律速という．この拡散過程についてフィックの法則を適用したものが，ネルンスト・ノイエス・ホイットニーの式

11.4 溶解速度

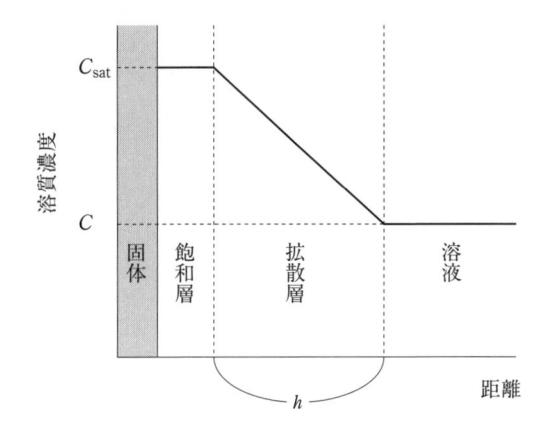

図 11.2 溶質濃度の固体表面からの距離依存性（拡散律速の場合）

$$\frac{dC}{dt} = \frac{SD}{Vh}(C_{sat} - C)$$

である．ここで，S は固体表面積，D は溶質の拡散係数，V は溶液の体積，h は拡散層の厚さ，C_{sat} は溶質の飽和濃度，C は溶液中の溶質濃度を示す．

問題 11.7 薬物の溶解速度が，

$$\frac{dC}{dt} = k(C_{sat} - C)$$

に従うとする．ここで，k は定数である．このとき，溶液の溶解度 C が飽和溶解度 C_{sat} の半分になるのに要する時間は次のうちどれか．ただし，溶液の初期濃度は 0 である．

1. $2k$
2. $2k^{-1}$
3. $k \ln 2$
4. $k^{-1} \ln 2$
5. $0.5k^{-1}$

解説 初期濃度 $C(t=0) = 0$ の場合の時刻 t での濃度 $C(t)$ は，
$$C(t) = C_{sat}\{1 - \exp(-kt)\}$$

で与えられる．この関係式は $\ln\left(\dfrac{C_{sat}}{C_{sat} - C(t)}\right) = kt$ とも書ける．したがって，飽和溶解度の半分 $C(t) = C_{sat}/2$ になるのに要する時間は，$t = \dfrac{\ln 2}{k} = k^{-1} \ln 2$ となる．

正解　4

◆ 確認問題 ◆

次の文の正誤を判別し，○×で答えよ．

□□□ **1** 固体の溶解が進行しているとき，固液界面からバルク溶液までの間に，順に飽和層，拡散層が存在する．

□□□ **2** 溶液内部は攪拌あるいは対流によって濃度が一定に保たれる．

□□□ **3** 固体表面の拡散層では，溶質分子は飽和濃度になっている．

□□□ **4** 拡散律速による溶解のとき，飽和層と溶液内部の濃度差が溶解の駆動力となる．

□□□ **5** 溶解速度の式は，フィックの第一法則から導き出せる．

□□□ **6** 同じ質量の固体でも，粉砕すると溶解速度が小さくなる．

□□□ **7** 溶液を十分に攪拌すれば，拡散層の厚みは増加し溶解速度が増加する．

□□□ **8** 溶液の粘性率が小さいほうが，溶解速度が小さくなる．

正　解

1（○）「拡散律速」のときに正しい．「界面反応律速」のときには，界面でも飽和濃度に達しない．

2（○）

3（×）飽和濃度になるのは拡散律速によって溶解するときの飽和層である．

4（○）

5（○）

6（×）粉砕により表面積が大きくなるので，溶解速度は増大する．

7（×）攪拌により拡散層の厚みが減少し，溶解速度が増加する．さらに激しく攪拌すると，固体表面の「飽和層」においても飽和せず，溶解は「界面反応律速」となることもある．これは激しい攪拌で「飽和層」にある溶質分子

までが剥がし取られるためである.
8（×）　粘性率が小さい場合，拡散係数が大きくなるので溶解速度が大きくなる.

12 反応速度

12.1 ◆ 反応次数と速度定数

到達目標 反応速度の表し方と，反応次数・速度定数について説明できる．

AとBの反応で，反応速度 v が，$v = k[A]^x[B]^y$（k は定数）と表されるとき，反応はAについて x 次，Bについて y 次，反応次数は $x + y$ であるという（x, y は整数とは限らない）．比例定数 k を速度定数という．反応速度は，特定の反応物の減少速度，または特定の生成物の増加速度で表されるが，どの物質に着目しているかをはっきりさせておく必要がある．反応物Aの減少速度は $-\dfrac{d[A]}{dt}$ で表される．これは，[A] の時間 t に対する変化を表す曲線の傾きに相当する．また，$-\dfrac{d[A]}{dt}$ は時間 dt の間にAの濃度が $d[A]$ だけ低下する比を表すので，これが [A] の減少速度を表しているともいえる．

薬学領域で実際に重要となるのは，0次，1次，2次反応である．反応物が1種類（Aとする）の場合，Aの減少速度は次のように表される．

0次反応：$-\dfrac{d[A]}{dt} = k$ （反応速度が，[A] の0乗（= 1）に比例，すなわち [A] に無関係）

1次反応：$-\dfrac{d[A]}{dt} = k[A]$ （反応速度が，そのときの [A] に比例）

2次反応：$-\dfrac{d[A]}{dt} = k[A]^2$ （反応速度が，そのときの [A] の2乗に比例）

これらの式は，反応開始後の各時点における反応速度を表しており，微分型速度式と呼ばれる．0次反応では，一定の速度で反応が進む．1次反応と2次反応の速度は，そのときの反応物濃度に依存し，反応が進みAが減少するにつれて遅くなる．

12. 反応速度

問題 12.1 反応式 A + B ⟶ 2C で表される 2 次反応（A について 1 次，B についても 1 次）がある．次の記述のうち，正しいものはどれか．

1. $-\dfrac{d[A]}{dt} = 2\dfrac{d[C]}{dt}$ が成り立つ．
2. 反応速度 v は，$v = k([A]+[B])$ （k は定数）と表される．
3. A に対して B を大過剰に用いると，反応は見かけ上，1 次反応となる．
4. 反応速度は，生成物 C の濃度の 2 乗に比例する．
5. 速度定数の次元は，(時間)$^{-1}$ である．

解説

1. $-\dfrac{d[A]}{dt}$ は反応物 A の減少速度，$\dfrac{d[C]}{dt}$ は生成物 C の増加速度を表す．1 mol の A が消失すると，2 mol の C が生成する．したがって，C の増加速度は A の減少速度の 2 倍であり，$-\dfrac{d[A]}{dt} = \dfrac{1}{2}\dfrac{d[C]}{dt}$ が正しい．

2. $v = k[A][B]$ が正しい．なお，A + B ⟶ 2C という反応式で表される反応が，必ずしも 2 次反応であるとは限らない（反応機構による）．反応次数は，実験的に決められるものである．2 次反応には，A + B ⟶ P のタイプと，2A ⟶ P のタイプがある（生成物をまとめて P と表した）．

3. 正しい．この場合，B の濃度変化は極めて小さく，[B] を一定とみなすことができ，$v = k[A][B] = k'[A]$ （$k' = k[B]$）となる．したがって，反応速度は [A] の 1 乗に比例，つまり見かけ上 1 次反応となる．このような反応を擬 1 次反応という．加水分解のように反応物の一方が溶媒である反応は，擬 1 次反応となる．

4. 生成物の濃度は関係ない．

5 $-\dfrac{d[A]}{dt} = k[A][B]$ において，左辺の次元は（濃度）/（時間），右辺の次元は（k の次元）×（濃度）^{2} である．これらが等しいことから，（k の次元）=（濃度）$^{-1}$（時間）$^{-1}$ である．同じように考えて，0 次反応の k の次元は（濃度）/（時間），1 次反応の k の次元は 1/（時間）（単位としては s^{-1}, min^{-1}, hr^{-1} など）である．

正解　3

12.2 ◆ 0 次，1 次，2 次反応

到達目標　0 次，1 次，2 次反応の速度式と特徴を説明できる．

以下，反応物（1 種類とする）の濃度を C，初濃度（時間 $t = 0$ における C の値）を C_0 で表す．

1) 1 次反応

微分型速度式

$$-\dfrac{dC}{dt} = kC$$

を積分する（微分方程式として解く）と，

$$C = C_0 e^{-kt} \tag{12.1}$$

が得られる（C は時間とともに指数関数的に減少：図 12.1）．

式 (12.1) の両辺の自然対数をとると，

$$\ln C = \ln C_0 - kt \tag{12.2}$$

となり，t に対して $\ln C$ をプロットすると，傾きが $-k$ の直線となる．常用対数を用いた場合は，

$$\log C = \log C_0 - \dfrac{k}{2.303} t \tag{12.3}$$

となる．ここで，2.303 は ln 10 のことである（log と ln の関係は $\ln x = (\ln 10) \times (\log x)$）．式 (12.1) − (12.3) は C の時間変化を表す式であり，積分型速度式と呼ばれる．半減期 $t_{1/2}$（$C = C_0/2$ となるときの t）は，

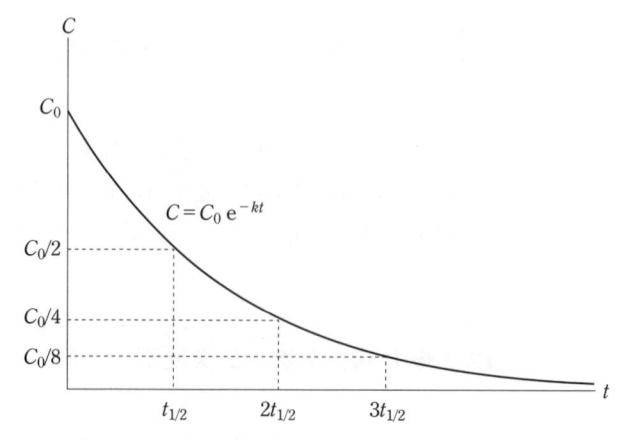

図12.1 1次反応における反応物濃度の時間変化

$$t_{1/2} = \frac{\ln 2}{k} \fallingdotseq \frac{0.693}{k}$$

と求められる．1次反応の半減期は反応物の初濃度によらない．したがって，$t_{1/2}$ だけ時間が経過するごとに，反応物の濃度は半分になる（図12.1）．つまり，$t = nt_{1/2}$（n は整数）のとき，$C = (1/2)^n C_0$ である．

2) 2次反応

微分型速度式：$-\dfrac{dC}{dt} = kC^2$

積分型速度式：$\dfrac{1}{C} = \dfrac{1}{C_0} + kt$

半減期：$t_{1/2} = \dfrac{1}{kC_0}$

t に対して $1/C$ をプロットすると，傾きが k（> 0）の直線が得られる．2次反応の半減期は，初濃度 C_0 に反比例する．すなわち，C_0 が大きくなると $t_{1/2}$ は短くなる．

3) 0次反応

微分型速度式：$-\dfrac{dC}{dt} = k$

積分型速度式：$C = C_0 - kt$

半減期：$t_{1/2} = \dfrac{C_0}{2k}$

$\dfrac{dC}{dt}$ が一定（$= -k$）なので，C と時間 t との関係は傾きが $-k$ の直線で表される．0 次反応の半減期は，初濃度 C_0 に比例する．$t = 2t_{1/2}$ で $C = 0$ となる．

4）積分法による反応次数の決定

t に対して C, $\ln C$（または $\log C$），$1/C$ をプロットし，どれが直線になるかによって，反応が 0 次，1 次，2 次のどれであるかがわかる（図 12.2）．また，直線の傾きから速度定数が求められる．

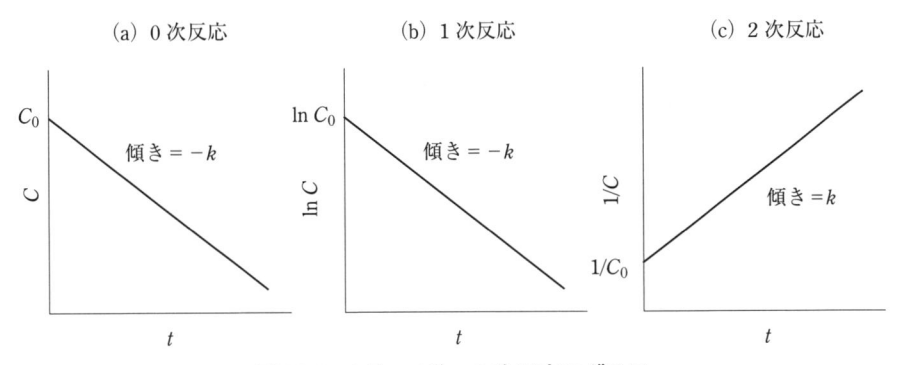

図 12.2　0 次，1 次，2 次反応のグラフ

問題 12.2 薬物 A の水溶液中（初濃度 40 mg/mL）での分解過程について，時間（hr）に対して濃度 C（mg/mL）の常用対数値をプロットしたところ，下のグラフのようになった．この反応の半減期に最も近いものはどれか．ただし，$\log 2 = 0.3$ とする．

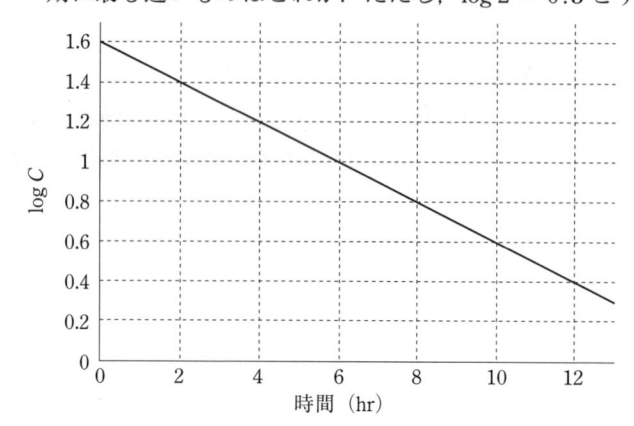

1　2 時間
2　3 時間
3　4 時間
4　6 時間
5　8 時間

解説　A の濃度が，初濃度の半分，すなわち 20 mg/mL になるのに要する時間を求めることになる．初濃度が 40 mg/mL であるから，グラフより $\log 40 = 1.6$ であることがわかる．濃度が半分になるときには，$\log 20 = \log (40/2) = \log 40 - \log 2 = 1.6 - 0.3 = 1.3$ となるので，縦軸の値が 1.3 になるときの時間を読み取ればよい．

このグラフが直線であることは，分解が 1 次反応であることを示している．速度定数 k は，$t_{1/2} = \dfrac{\ln 2}{k}$ の関係から，$k = 0.693/3 ≒ 0.23$（hr^{-1}）と求められる．あるいは，直線の傾きが -0.1 で，これが $-k/2.303$ に等しいことからも求められる．

半減期の 2 倍の 6 時間後に, $\log C = 1$, すなわち $C = 10$ mg/mL（初濃度の 1/4）になっていることも読み取れる.

正解　2

問題 12.3　薬物 A, B, C は，それぞれ 0 次，1 次，2 次反応で分解し，初濃度がある共通の値（C_0）のとき，半減期 $t_{1/2}$ がいずれも等しくなった．下図は，このときの A, B, C の濃度の時間変化を表している．A, B, C の濃度の時間変化は，それぞれ図中の ① 〜 ③ の直線または曲線のどれに対応するか．

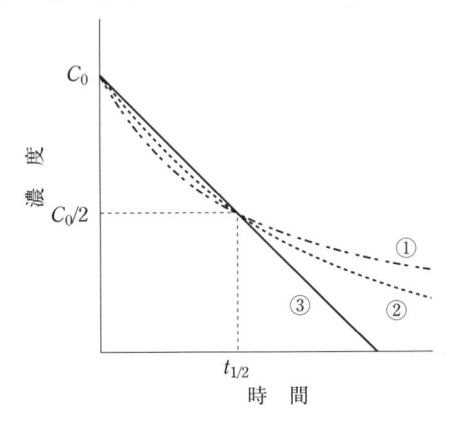

1　A − ①, B − ②, C − ③
2　A − ①, B − ③, C − ②
3　A − ②, B − ③, C − ①
4　A − ③, B − ①, C − ②
5　A − ③, B − ②, C − ①

解説　初濃度と半減期が等しいので，①–③ の直線および曲線は，時間 $t = 0$ と $t = t_{1/2}$ で同じ点を通る．縦軸は濃度であり，濃度が時間とともに直線的に減少する ③ が，0 次反応である．2 次反応は，はじめのうちは反応が速いが半減期以降では最も遅くなるので，曲線 ① で表される（$t = t_{1/2}$ で濃度は $C_0/2$ になるが，ここからさらに半分すなわち $C_0/4$ になるのには，さらに $2 \times t_{1/2}$ の時間を要する）．1

次反応では $t_{1/2}$ が経過するごとに反応物濃度が半分に減少していくので，正解は ② で表される（曲線 ② は ① と ③ の中間を通る）．

<u>正解</u> 5

問題 12.4 薬物 A の分解反応の半減期 $t_{1/2}$ を A の初濃度 C_0 を変えながら測定し，$\log t_{1/2}$ を $\log C_0$ に対してプロットしたところ，傾きが -1 の直線が得られた．この反応の次数について正しい記述はどれか．
1 この反応は 0 次反応である．
2 この反応は 1 次反応である．
3 この反応は擬 1 次反応である．
4 この反応は 2 次反応である．
5 この結果だけからでは反応次数を決定できない．

解説 半減期法と呼ばれる反応次数 n の決定法である．一般に，反応物 A の半減期 $t_{1/2}$ を種々の初濃度 C_0 を用いて測定する．$\log t_{1/2}$（または $\ln t_{1/2}$）を $\log C_0$（または $\ln C_0$）に対してプロットすると直線が得られ，その傾きが $1-n$ となる．よく知られているように，1 次反応の半減期は初濃度に依存しない．2 次反応の半減期は初濃度に反比例し，$t_{1/2} = 1/(kC_0) = (kC_0)^{-1}$ と表される．この式の対数をとると，$\log t_{1/2} = -\log C_0 - \log k$ である．

<u>正解</u> 4

12.3 ◆ 複合反応

到達目標 代表的な複合反応（可逆反応，平行反応，連続反応）の特徴について説明できる．

　反応がいくつかの段階からなるとき，各段階の反応を素反応という．複数の素反応が組み合わさった複合反応には，可逆反応，平行反応，連続反応などがある．

12.3 複合反応

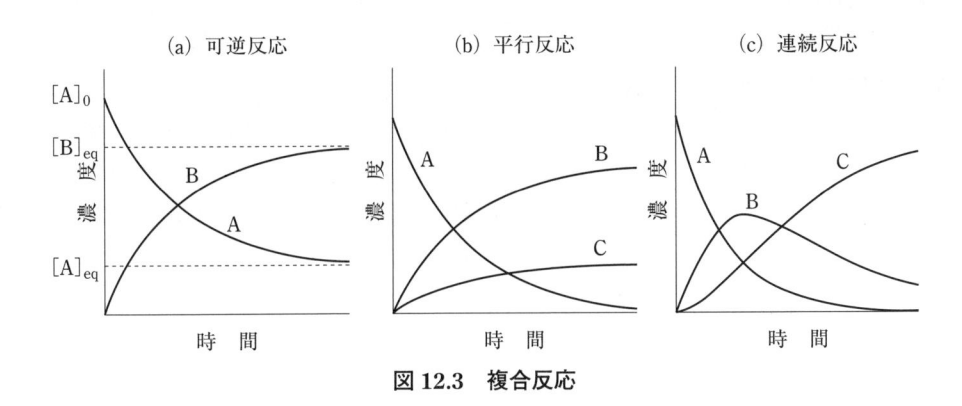

(a) 可逆反応　　(b) 平行反応　　(c) 連続反応

図 12.3　複合反応

1) 可逆反応：平衡へ向かう反応（図 12.3a）

$$A \underset{k_{-1}}{\overset{k_1}{\rightleftarrows}} B \quad (k_1,\ k_{-1} は 1 次速度定数とする)$$

$[B]_0 = 0$ のとき，$[A]$ の平衡からのずれ $[A] - [A]_{eq}$（図 12.3a の曲線 A を参照）は，速度定数 $k_1 + k_{-1}$ の 1 次反応速度式に従って減少する．

$$[A] - [A]_{eq} = ([A]_0 - [A]_{eq})e^{-(k_1 + k_{-1})t}$$

2) 平行反応（併発反応）（図 12.3b）

$$A \underset{k_2}{\overset{k_1}{\diagup\diagdown}} \begin{matrix}B\\C\end{matrix} \quad (k_1,\ k_2 は 1 次速度定数とする)$$

A の減少速度は，$-\dfrac{d[A]}{dt} = (k_1 + k_2)[A]$ で与えられる．B と C の初濃度が 0 であれば，任意の時刻において $[B]:[C] = k_1:k_2$ となる．

3) 連続反応（逐次反応）（図 12.3c）

$$A \xrightarrow{k_1} B \xrightarrow{k_2} C \quad (k_1,\ k_2 は 1 次速度定数とする)$$

k_1 と k_2 の関係によりグラフの形が異なる．図 12.3c は $k_1 > k_2$ の場合で，中間体である B の濃度は，極大に達した後，減少する．

一般に，連続反応 A ⟶ ⋯ ⟶ P で 1 つの素反応が特に遅いとき，全体としての反応速度は，その最も遅い段階によって決まる（律速段階）．

問題 12.5 可逆反応 A $\rightleftarrows$ B がある．$t = 0$ においては B は存在しなかったが，やがて平衡に達した．このとき成り立つ式として誤っているものはどれか．ただし，正逆両反応とも 1 次反応であり，正反応および逆反応の速度定数をそれぞれ k_1 および k_{-1}，平衡定数を K，A の初濃度を $[A]_0$ とする．

1. $\dfrac{d[A]}{dt} = \dfrac{d[B]}{dt} = 0$

2. $\dfrac{d[B]}{dt} = k_1[A] - k_{-1}[B]$

3. $k_1[A] = k_{-1}[B]$

4. $K = \dfrac{k_{-1}}{k_1}$

5. $[B] = [A]_0 - [A]$

解説

1. 平衡状態では濃度変化がないので正しい．

2. この式は平衡に達していなくても成り立つ．B は速度定数 k_1 で A から生成し，速度定数 k_{-1} で消失する．同様に，$\dfrac{d[A]}{dt} = -k_1[A] + k_{-1}[B]$ も成り立つ．

3. $k_1[A]$ は正反応の速度，$k_{-1}[B]$ は逆反応の速度で，平衡状態ではこれらが等しくなる．選択肢 2 の式を 0 とおくことによっても導かれる．

4. 誤った記述である．選択肢 3 の式より，正しくは $K = \dfrac{[B]}{[A]} = \dfrac{k_1}{k_{-1}}$ となる．選択肢 4（誤）の式の右辺では正しい式と比べて分子分母が逆になっていることに注意．ここに示した正しい式は，k_1 が大きく k_{-1} が小さいほど平衡が右に片寄ることを表している．この式は，平衡定数と速度定数をつなぎ合わせる重要な式である．

5　Aの減少分だけBが増加することを表している．平衡でなくても成り立つ．

正解　4

問題 12.6　化合物Aは，BまたはCに分解する．どちらの分解反応も1次反応で，A ⟶ Bの速度定数（k_1）は$0.2\,\mathrm{hr^{-1}}$，A ⟶ Cの速度定数（k_2）は$0.1\,\mathrm{hr^{-1}}$である．Aの半減期に最も近い値はどれか．ただし，$\ln 2 = 0.693$とする．

1　2.3 時間
2　3.5 時間
3　4.9 時間
4　6.9 時間
5　35 時間

解説　平行反応である．Aの減少は速度定数$k_1 + k_2$の1次反応速度式に従うので，半減期は$\ln 2/(k_1 + k_2)$で求められる．

正解　1

12.4 ◆ 反応速度の温度依存性

到達目標　アレニウス式とアレニウスプロットについて説明できる．

多くの反応では温度を高くすると反応速度は大きくなり，速度定数kは次のアレニウス式に従う．

$$k = A\mathrm{e}^{-E_a/RT} \quad (T：絶対温度，R：気体定数)$$

活性化エネルギーE_aと頻度因子A（どちらも正）は反応に特有な値であり，温度に関係しない定数として扱われる．指数部分は無次元なので，Aはkと同じ次元をもつ（この次元は反応次数によって異なる）．

上式の両辺の自然対数をとると，

$$\ln k = \ln A - E_a/RT$$

となるので，$1/T$を横軸に，$\ln k$を縦軸にとってプロットすると，縦軸との切片が$\ln$

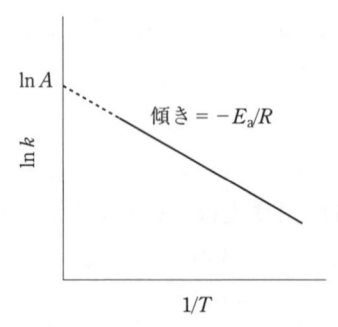

図 12.4 アレニウスプロット

A, 傾きが $-E_a/R$（< 0）の直線となる（アレニウスプロット：図 12.4）．E_a が大きいほど直線の傾きは急となり，k の温度依存性が大きいことを表す．

　正反応についてと逆反応についての 2 つのアレニウス式を用いて，平衡定数 K（$= k_1/k_{-1}$）の温度依存性を表すファントホッフの式

$$\ln K = -\frac{\Delta H}{RT} + C \quad (\Delta H：反応熱,\ C：定数)$$

を導くことができる．ファントホッフのプロット（横軸に $1/T$, 縦軸に $\ln K$）は，吸熱反応（$\Delta H > 0$）のとき右下がりの直線であるが，発熱反応（$\Delta H < 0$）に対しては右上がりの直線となる．

問題 12.7 ある薬物の分解反応の速度定数 k がアレニウス式に従っている．次の記述のうち，正しいものはどれか．ただし，T は絶対温度，R は気体定数，E_a は活性化エネルギー，ln は自然対数，log は常用対数を表す．

1　横軸に T, 縦軸に k をとってプロットすると，右下がりの曲線が得られる．
2　横軸に T, 縦軸に k をとってプロットすると，傾きが E_a/R の直線が得られる．
3　横軸に $1/T$, 縦軸に $\ln k$ をとってプロットすると，傾きが E_a/R の直線が得られる．
4　横軸に $1/T$, 縦軸に $\ln k$ をとってプロットすると，傾きが

$-E_a/R$ の直線が得られる．
5　横軸に $1/T$，縦軸に $\log k$ をとってプロットすると，傾きが $-E_a/R$ の直線が得られる．

解説
1　右上がりの曲線となる．
2　右上がりの曲線となり，傾きを求められない．
3　横軸は温度の逆数なので，右に行くほど低温となり，反応速度は小さくなる．したがって，傾きは負になる．
4　正しい（図 12.4 参照）．
5　縦軸に常用対数 $\log k$ をとった場合には，傾きが $-E_a/(2.303R)$ の直線となる．

正解　4

12.5 ◆ 触媒反応

到達目標
1) 触媒反応の特徴を説明できる．
2) 酸・塩基触媒反応の速度について説明できる．

　触媒は反応物質に関与して活性化エネルギーを低下させることにより，反応速度を増大させる．触媒反応は，無触媒のときとは異なる機構で進行する．反応熱（ΔH）や平衡定数は，触媒によって変化しない．
　水素イオン H^+ または水酸化物イオン OH^- が触媒として働く反応を，特殊酸塩基触媒反応と呼ぶ．反応物 A の反応が H^+ と OH^- の触媒作用を受けるとき，反応速度は一般に

$$v = k_0[A] + k_{H^+}[H^+][A] + k_{OH^-}[OH^-][A] = k[A]$$

（ここで，$k = k_0 + k_{H^+}[H^+] + k_{OH^-}[OH^-]$）

と表される．k は見かけの速度定数，k_0 は H^+ および OH^- による触媒作用を受けない反応の速度定数，k_{H^+}，k_{OH^-} は，それぞれ H^+ と OH^- の触媒作用による反応の速度定数である．pH が低く，第 2 項が支配的となる場合，

$$k = k_{H^+}[H^+]$$

両辺の対数をとると

$$\log k = \log k_{H^+} - \mathrm{pH}$$

となる．[H$^+$]が10倍になると（pHが1だけ低くなると），kは10倍になり，log k は1だけ増加する．pHに対してlog k をプロットすると，傾きが -1 の直線となる．逆に，pHが高く，OH$^-$ の触媒作用が支配的となる場合には，pHに対してlog k をプロットすると，傾きが $+1$ の直線が得られる．このpH領域では，[OH$^-$]が10倍になると，反応速度が10倍になる．

問題12.8 下図は，ある発熱反応（$\Delta H < 0$）の進行に伴うエネルギー変化を表している．この反応の触媒を添加したときの変化として正しいものはどれか．ただし，触媒の有無によって頻度因子は変わらないものとする．

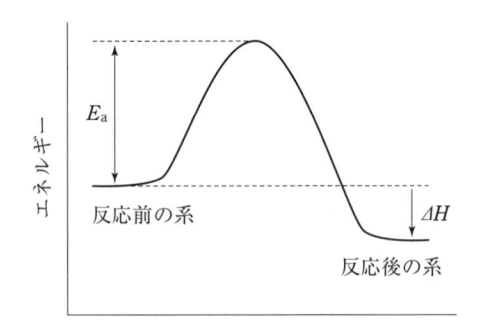

1　E_a の値も ΔH の値も変化しない．
2　E_a の値は変わらないが，ΔH の値（絶対値）は大きくなる．
3　E_a の値は小さくなるが，ΔH の値は変わらない．
4　E_a の値は小さくなり，ΔH の値（絶対値）は大きくなる．
5　E_a の値は大きくなるが，ΔH の値は変わらない．

解説　触媒を加えると，活性化エネルギー E_a が低下することにより，反応速度が大きくなる．ΔH はエンタルピー変化で，反応熱を表す．この反応は発熱反応である（$\Delta H < 0$）．触媒を加えても，反応熱は変化しない．

正解　3

◆ 確認問題 ◆

次の文の正誤を判別し，○×で答えよ．

□□□ **1** 一般に，反応式 $a\mathrm{A} + b\mathrm{B} \longrightarrow c\mathrm{C} + d\mathrm{D}$ で表される反応の次数は $a + b$ である．

□□□ **2** 反応速度の次元は，反応次数に関係なく（濃度）/（時間）である．

□□□ **3** 2次反応の速度定数の次元は，1/(濃度・時間) である．

□□□ **4** s^{-2} は，2次反応の速度定数の単位として正しい．

□□□ **5** 0次反応の反応物は，半減期の2倍の時間で消失する．

□□□ **6** 薬物Aが1次反応で分解するとき，Aの濃度が初濃度の1/16になるのは，半減期の8倍の時間が経過したときである．

□□□ **7** XからZへの多段階反応 $\mathrm{X} \longrightarrow \cdots\cdots \longrightarrow \mathrm{Z}$ の反応速度は，そこに含まれる素反応のうち，最も速く進行する反応で決まる．

□□□ **8** 2つの不可逆的な1次反応からなる逐次反応 $\mathrm{A} \longrightarrow \mathrm{B} \longrightarrow \mathrm{C}$ の進行途中において，Bの濃度がAの濃度よりも大きくなる場合がある．

□□□ **9** アレニウス式は，反応次数に関係なく成り立つ．

□□□ **10** 2次反応の頻度因子の次元は，(時間)$^{-1}$ である．

正 解

1（×） 反応次数は実験的に決められるものであり，化学量論係数と一致するとは限らない．$v = k[\mathrm{A}]^x[\mathrm{B}]^y$ と表されるとき，反応次数は x + y である．本章の 12.1 を参照．

2（○） 反応速度 v と速度定数 k（= 反応速度定数）とは異なることに注意．

3（○）

4（×） 2次反応の速度定数は（濃度）$^{-1}$（時間）$^{-1}$ の次元をもつから，可能な単位には $\mathrm{L\,mol^{-1}\,s^{-1}}$ などがあげられる．

5（○）

6（×） $(1/2)^4 = 1/16$ なので，半減期の4倍が正しい．

7（×） 最も遅く進行する反応が律速段階．

8（○）

9（○）

12. 反応速度

10（×） 頻度因子の次元は速度定数の次元に等しく，反応次数によって変わる．2次反応では（濃度）$^{-1}$(時間)$^{-1}$である．

13 高分子

13.1 ◆ 高分子の溶液とゲル

到達目標
1) 高分子溶液の還元粘度，固有粘度が理解できる．
2) 溶液中での高分子の溶存状態が理解できる．
3) コアセルベーションおよび高分子ゲルについて理解できる．

質量濃度 c の高分子溶液の粘度を η，純溶媒の粘度を η_0 とする．**相対粘度** $\eta_{\rm rel}$，**比粘度** $\eta_{\rm sp}$，**還元粘度** $\eta_{\rm red}$，**固有粘度（極限粘度）** $[\eta]$ はそれぞれ式(13.1) – (13.4)で表される．

$$\eta_{\rm rel} = \eta/\eta_0 \tag{13.1}$$

$$\eta_{\rm sp} = \eta_{\rm rel} - 1 \tag{13.2}$$

$$\eta_{\rm red} = \eta_{\rm sp}/c \tag{13.3}$$

$$[\eta] = \lim_{c \to 0} \eta_{\rm red} = \lim_{c \to 0} (\eta_{\rm sp}/c) \tag{13.4}$$

溶液中の高分子の分子量 M と $[\eta]$ との間には，$[\eta] = KM^\alpha$ なる関係（**マーク-フーウィンク-桜田の式**）が成り立つので，固有粘度から高分子の分子量がわかる（K, α は既知の定数）．

高分子に対して親和性の大きな溶媒（**良溶媒**）に高分子を溶解させると，高分子のランダムコイルが膨張し，$[\eta]$ が大きくなる．親和性の小さな溶媒（**貧溶媒**）中では高分子のランダムコイルが収縮し，$[\eta]$ が小さくなる．

高分子溶液の浸透圧を Π，気体定数を R，絶対温度を T とすると，式(13.5)が成立する．

$$\Pi/c = RT\{(1/M) + A_2 \cdot c + \cdots\} \tag{13.5}$$

A_2 を**第 2 ビリアル係数**という．良溶媒中では $A_2 > 0$，貧溶媒中では $A_2 < 0$ である．$A_2 = 0$ のときの溶媒を **θ-溶媒**，その状態を **θ-状態**という．

沈澱剤の添加や温度の変化等により高分子に対する溶媒の親和性を低下させると，高分子溶液は高分子の濃厚な相と希薄な相とに分離する．この現象を**コアセルベーシ**

ョン，生じた高分子濃厚相を**コアセルベート**という．

問題 13.1 次の記述のうち，正しいものはどれか．
1 相対粘度の単位は Pa·s である．
2 還元粘度の単位は L/g である．
3 固有粘度は無次元数である．
4 高分子の固有粘度は，その高分子の飽和溶液の粘度である．
5 高分子の固有粘度から，その高分子の分子量が求められる．

解説
1 粘度の SI 単位は Pa·s であるが，相対粘度および比粘度は無次元数（単位は 1）になる．
2 還元粘度の単位は質量濃度の逆数となる．通例は dL/g の単位を用いる．
3 固有粘度の単位は質量濃度の逆数となる．上記 2 の場合と同じく，通例は dL/g の単位を用いる．
4 固有粘度とは，無限希釈における（$c \to 0$ に外挿したときの）還元粘度の値である．
5 正しい．高分子の分子量は，その固有粘度からマーク-フーウィンク-桜田の式により求められる．

正解　5

問題 13.2 次の記述のうち，正しいものはどれか．
1 高分子が溶媒中で膨潤して広がりきった状態を θ-状態という．
2 同一濃度となるように高分子を種々の溶媒に溶解したとき，高分子に対する親和性の大きい溶媒中では浸透圧は高くなる．
3 θ-溶媒とは，高分子と溶媒との相互作用が最大のときの溶媒である．
4 同一濃度となるように種々の溶媒に高分子を溶解したとき，溶液の浸透圧が最大になる溶媒が θ-溶媒である．
5 良溶媒中では高分子は溶媒分子と相互作用を示さない．

解説 1 θ-状態とは，高分子溶質間および溶質-溶媒間の相互作用が見かけ上無視できる状態である．
2 正しい．高分子は良溶媒中では浸透圧が高くなる（式(13.5)の $A_2 > 0$）．
3 θ-溶媒とは，見かけ上相互作用が無視できるときの溶媒である．
4 一定濃度の高分子を溶解したとき，良溶媒中での浸透圧は θ-溶媒中や貧溶媒中よりも高くなる（式(13.5)参照）．
5 溶媒分子が高分子のランダムコイル中に浸入して，高分子鎖は広がる．

[正解] 2

問題 13.3 次の記述のうち，正しいものはどれか．
1 異なる2種類の高分子水溶液を混合したときに複合体が形成される唯一の原因は静電相互作用である．
2 正電荷をもつ高分子の水溶液と負電荷をもつ高分子の水溶液とを混合したときに2相分離する現象をシネレシスという．
3 アラビアゴムとゼラチンとを混合すると，アラビアゴムの正電荷がゼラチンの負電荷により中和されて複合体が形成される．
4 高分子溶液に沈澱剤を加えて2相分離するとき，高分子希薄相をコアセルベートという．
5 マイクロカプセルの調製にコアセルベーションを利用することができる．

解説 1 高分子の複合体が形成されるのは静電相互作用だけでなく，疎水性相互作用による場合もある．
2 2相分離して濃厚相の生じる現象をコアセルベーションという．
3 アラビアゴムとゼラチンとを混合したときに複合体が形成されるのは，アラビアゴムの負電荷がゼラチンの正電荷により中和されるからである．13.4（p.192）参照．
4 コアセルベートは高分子濃厚相である．
5 正しい．マイクロカプセルの調製にコアセルベーションを利用

することができる.

正解 5

問題 13.4 次の記述のうち，正しいものはどれか.
1 卵白アルブミンは熱可逆性ゲルである.
2 乾燥した寒天はヒドロゲルである.
3 ゲルを冷却すると，ゲル内のすべての水分子は同じ温度で凍る.
4 ゲルを放置したときに，ゲル組織中にあった液体がゲルの外に出てくる現象をシネレシスという.
5 ゾルからゲルに変化する温度と，ゲルからゾルに変化する温度は一致する.

解説
1 卵白アルブミンは熱硬化性ゲルであり，不可逆的にゲル化する．熱可逆性ゲルには，寒天，ゼラチン等がある.
2 乾燥した寒天のように，ゲルを乾燥させたものをキセロゲルという.
3 ゲル内部でも高分子の水和に関与していない水分子はバルク水と同様の挙動を示す．一方，高分子に水和している水分子（結合水）はバルク水とは異なる挙動を示し，バルク水の凝固点では凍結しない.
4 正しい．ゲルを放置したときに，ゲル組織中にあった液体がゲルの外に出てくる現象をシネレシス（離漿）という.
5 ゲル構造の形成や破壊には時間がかかるので，一般にゾルからゲルに変化する温度と，ゲルからゾルに変化する温度は一致しない.

正解 4

13.2 ◆ 高分子のコロイド粒子への吸着

到達目標 高分子がコロイド分散系に及ぼす影響を理解できる．

　高分子を疎水コロイドに添加すると，分散媒の粘度が増加するとともに，高分子が疎水コロイド粒子表面に吸着する．高分子の分散粒子表面への吸着の様式には，① 全セグメントが吸着する，② 末端基のみが吸着する，③ 一部のセグメントがトレインとして吸着し，その他の部分はテイルまたはループとして分散媒中に伸びる，の3種類がある（図 13.1）．

　高分子が低濃度の場合，分散粒子間を高分子が架橋するため粒子は凝集して沈殿しやすくなる（**増感作用，凝集作用**）（図 13.2）．

　高分子が高濃度の場合，吸着層が密になり，吸着高分子間に反発作用が生じ，分散系が安定化される（**保護作用，分散作用**）．

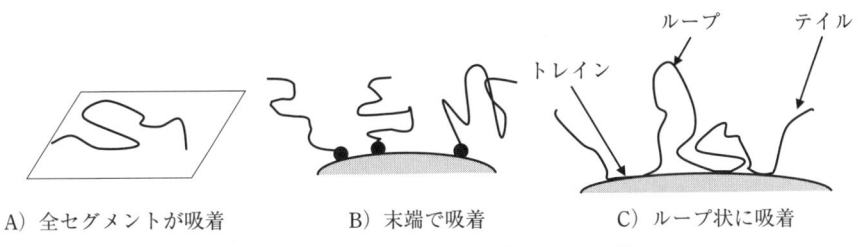

A) 全セグメントが吸着　　B) 末端で吸着　　C) ループ状に吸着

図 13.1　高分子のコロイド粒子への吸着

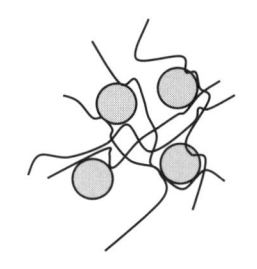

A) 高分子濃度が低い場合
　　（増感作用）

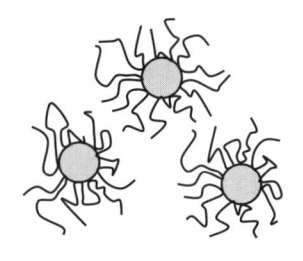

B) 高分子濃度が高い場合
　　（保護作用）

図 13.2　高分子の吸着によるコロイド粒子の凝集・分散

190　13. 高分子

> **問題 13.5** 疎水コロイド分散系に高分子を添加した場合に生ずる効果に関する記述のうち，正しいものはどれか．
> 1　高分子のコロイド粒子に吸着できる部分は，高分子の末端基のみである．
> 2　一般的にいえば，高分子が低濃度のときより高濃度のときのほうが，コロイド粒子は架橋されて凝集しやすくなる．
> 3　高分子が架橋によりコロイド粒子どうしを凝集させる作用を保護作用という．
> 4　高分子が低濃度のとき，コロイド粒子に対して増感作用を示す．
> 5　高分子が低濃度のとき，コロイド分散系を安定化する．

解説
1　高分子がコロイド粒子に吸着できるセグメントは，末端部分のみではない．図 13.1 および図 13.2 参照．
2　高分子がコロイド粒子を架橋し凝集しやすくするのは，高分子が低濃度の場合が多い．
3　高分子が架橋によりコロイド粒子どうしを凝集させる作用を増感作用あるいは凝集作用という．
4　正しい．高分子が低濃度のとき，コロイド粒子に対して増感作用を示す．
5　高分子が低濃度の場合，分散粒子が架橋により凝集して沈殿しやすくなり，系は不安定になる．

正解　4

13.3 ◆ 高分子を用いたドラッグキャリア

到達目標　マイクロカプセルおよびマイクロスフェアについて理解できる．

　高分子のドラッグキャリアへの利用として，**マイクロカプセル**や**マイクロスフェア**等がある．どちらも微小球体であるが，マイクロカプセル（特に単核の場合）は薬物を含有した固体や液体が高分子の被膜に覆われたリザーバー型構造をとっている．一

方，マイクロスフェアは薬物を高分子マトリックス中に分散させた構造（マトリックス構造，モノリシック型構造）である．

マイクロカプセルからの薬物放出は，シンク条件が満たされる場合には一定速度となる（0次放出）．マイクロスフェアからの薬物の累積放出量は，シンク条件下においては時間の平方根に比例する（ヒグチ式）．

問題 13.6 放出制御型薬物送達システムに関する次の記述のうち，正しいものはどれか．

1 局方では，マイクロカプセルは直径1 mm以下の硬カプセル剤として規定されている．
2 マイクロスフェアはマイクロカプセルの一種である．
3 マトリックス型製剤は，膜制御型製剤に比べて一定の薬物放出速度を示す．
4 マトリックスからの薬物放出がヒグチ式に従う場合，累積薬物放出量は時間の2乗に比例する．
5 水不溶性の高分子で皮膜を施した製剤では，リザーバー内の薬物濃度が飽和状態にある期間は，薬物が一定速度で放出される．
（第91回国試問題を一部改変）

解説
1 局方では，マイクロカプセルはカプセル剤として規定されていない．
2 マイクロスフェアはマトリックス型，マイクロカプセルはリザーバー型で構造が異なる．
3 マトリックス型製剤では，薬物の累積放出量が時間の平方根に比例するため，放出速度は時間経過とともに減少する．一方，リザーバー型のドラッグキャリアでは，シンク条件下では薬物の放出速度は一定となる．
4 ヒグチ式では，累積薬物放出量は時間の平方根に比例する．
5 正しい．リザーバー内部の薬物濃度が飽和状態にある期間は薬物放出速度が一定である（0次放出）．

正解 5

13.4 ◆ 高分子の医薬品添加剤としての利用

到達目標　医薬品添加剤として汎用されている高分子を理解する．

医薬品添加剤として利用されている代表的な高分子を以下に記す．

1) 天然高分子
① アラビアゴム

　主成分：アラビン酸（多糖）．陰イオン性の高分子である．結合剤，懸濁化剤・増粘剤，乳化剤．

② カンテン

　主成分：アガロース（多糖）．冷水には溶けず，温水に徐々に溶けて粘稠な溶液となり，その水溶液は中性．結合剤，軟膏剤・坐剤の基剤．

③ ゼラチン

　主成分：動物の骨，皮膚，じん帯または腱を酸またはアルカリで処理して得た粗コラーゲンを水で加熱抽出したもの（タンパク質）．熱湯にきわめて溶けやすい．冷水に溶けないが，水を加えると徐々にふくれて軟化し，5～10倍量の水を吸収．結合剤，懸濁化剤・増粘剤，コーティング剤．

④ 精製セラック

　主成分：ラックカイガラムシの分泌物を精製して得た樹脂状の物質．水にほとんど溶けない．コーティング剤．

⑤ デンプン（コムギ，トウモロコシ，バレイショ等）

　主成分：アミロース（グルコースがα-1,4結合により直鎖状に連鎖したもの）とアミロペクチン（グルコースがα-1,4結合により直鎖状に連鎖したものが，さらにα-1,6結合して分枝したもの）の混合物．例外的な可溶性デンプンの場合を除いて，冷水にほとんど溶けない．賦形剤，崩壊剤，結合剤（デンプン糊液）．

⑥ トラガント

　主成分：多糖．*Astragalus* 属植物の幹から得た分泌物．水中で膨化．懸濁化剤・増粘剤．

2）半合成高分子

セルロースおよびそのおもな誘導体の構造式を図 13.3 に示す．また，水への溶解性，用途について，表 13.1 に示す．

3）合成高分子

① **ポビドン**（ポリビドン，ポリビニルピロリドン，PVP とも略記する）

1-ビニル-2-ピロリドンの直鎖重合物．水に溶けやすい．結合剤，懸濁化剤・増粘剤，溶解補助剤．

② **マクロゴール**（ポリエチレングリコール）

エチレンオキシドと水との付加重合体．水にきわめて溶けやすい．可塑剤，滑沢剤・流動化剤，コーティング剤，坐剤基剤，油性・有機溶剤，賦形剤．

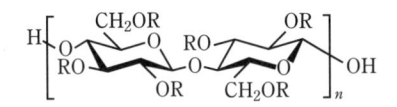

図 13.3 セルロースおよびその誘導体
R については，表 13.1 参照．

問題 13.7 セルロース誘導体に関する次の記述のうち，正しいものはどれか．

1. 結晶セルロースは，α-セルロースを精製し機械的に粉砕したものである．
2. メチルセルロースはセルロースのメチルエステルである．
3. ヒドロキシプロピルセルロースはセルロースのヒドロキシプロピルエーテルである．
4. カルメロースはセルロースの多価カルボキシメチルエステルである．
5. セラセフェートは無水コハク酸と部分アセチル化セルロースとの反応生成物である．

解 説 1 結晶セルロースは，鉱酸で部分的に解重合し，精製したものである．α-セルロースを精製し機械的に粉砕したものは粉末セル

194 13. 高分子

表 13.1　セルロースおよびお

物質名	説　明
結晶セルロース	α-セルロースを酸で部分的に解重合し，精製
粉末セルロース	α-セルロースを機械的に粉砕
メチルセルロース	セルロースのメチルエーテル
ヒドロキシプロピルセルロース	セルロースのヒドロキシプロピルエーテル
低置換度ヒドロキシプロピルセルロース	セルロースの低置換度ヒドロキシプロピルエーテル
ヒプロメロース	セルロースのメチルおよびヒドロキシプロピルの混合エーテル
ヒプロメロースフタル酸エステル	ヒプロメロースのモノフタル酸エステル
カルメロース	セルロースの多価カルボキシメチルエーテル
カルメロースナトリウム	カルメロースのナトリウム塩
カルメロースカルシウム	カルメロースのカルシウム塩
クロスカルメロースナトリウム	カルメロースナトリウムを内部架橋したもの
セラセフェート	無水フタル酸と部分アセチル化セルロースとの反応生成物

a) 基本骨格は，図 13.3 を参照．
b) "$-CH_2COOCaOOCCH_2-$" は 2R に相当（2つのカルボキシル基が Ca^{2+} によって架橋され

13.4 高分子の医薬品添加剤としての利用　**195**

もなセルロース誘導体

R[a)]	水への溶解性	医薬品添加剤としての用途
$-H$	ほとんど溶けない	結合剤，賦形剤，崩壊剤
$-H$	ほとんど溶けない	結合剤，賦形剤，崩壊剤
$-H$ または $-CH_3$	膨潤し，粘稠性のある液となる	結合剤，懸濁化剤・増粘剤，コーティング剤
$-H$ または $(-CH_2CH(CH_3)O)_mH$	粘稠性のある液となる	結合剤，懸濁化剤・増粘剤，コーティング剤
$-H$ または $(-CH_2CH(CH_3)O)_mH$	膨潤する	結合剤，賦形剤，崩壊剤
$-H$，$-CH_3$ または $(-CH_2CH(CH_3)O)_mH$	膨潤し，粘稠性のある液となる	結合剤，懸濁化剤・増粘剤，コーティング剤
$-H$，$-CH_3$，$(-CH_2CH(CH_3)O)_mH$ $-COC_6H_4COOH$ または $(-CH_2CH(CH_3)O)_mCOC_6H_4COOH$	ほとんど溶けない	コーティング剤（腸溶性）
$-H$ または $-CH_2COOH$	膨潤し，懸濁液となる	滑沢剤・流動化剤，結合剤，懸濁化剤・増粘剤，コーティング剤，賦形剤，崩壊剤
$-H$ または $-CH_2COONa$	粘稠性のある液となる	結合剤，懸濁化剤・増粘剤，コーティング剤
$-H$ または $-CH_2COOCaOOCCH_2-$ [b)]	膨潤し，懸濁液となる	懸濁化剤・増粘剤，賦形剤，崩壊剤
$-H$ または $-CH_2COONa$	膨潤し，懸濁液となる	崩壊剤，崩壊補助剤
$-H$，$-COCH_3$ または COC_6H_4COOH	ほとんど溶けない	コーティング剤（腸溶性）

ている）．

ロースである．
2　メチルセルロースはセルロースのメチルエーテルである．
3　正しい．
4　カルメロースはセルロースの多価カルボキシメチルエーテルである．カルボキシメチルセルロースともいう．
5　セラセフェートは無水フタル酸と部分アセチル化セルロースとの反応生成物である．

正解　3

問題 13.8　セルロース誘導体に関する次の記述のうち，正しいものはどれか．
1　結晶セルロースは水によく溶けるので錠剤の崩壊剤として用いられる．
2　低置換度ヒドロキシプロピルセルロースは崩壊剤として用いられる．
3　ヒプロメロースは腸溶性コーティング剤として用いられる．
4　ヒプロメロースフタル酸エステルは胃内で溶解しやすい被膜剤として使用される．
5　カルメロースカルシウムは滑沢剤として用いられる．

解説
1　結晶セルロースは水にほとんど溶けない．結合剤，崩壊剤，滑沢剤の三者を兼ね備えた賦形剤として繁用される．
2　正しい．他の崩壊剤には，デンプン，カルメロースカルシウム，結晶セルロース，粉末セルロースなどがある．
3　ヒプロメロースは結合剤や，水溶性のコーティング剤として用いられる．腸溶性コーティング剤には，ヒプロメロースフタル酸エステル（ヒドロキシプロピルメチルセルロースフタレート）やセラセフェート（酢酸フタル酸セルロース）などがある．
4　ヒプロメロースフタル酸エステルは腸溶性コーティング剤として用いられる．
5　カルメロースカルシウム（CMC-Ca あるいは CaCMC と略記す

る．）はおもに崩壊剤として用いられる．滑沢剤には，ステアリン酸マグネシウム，ステアリン酸，タルクなどがある．

[正解] 2

問題 13.9 次の記述のうち，正しいものはどれか．
1 点眼剤の粘性を増大させる目的で，水溶性高分子を添加することはできない．
2 ポビドンは滑沢剤として使われる．
3 マクロゴール類はエチレンオキシドと水との付加重合体である．
4 マクロゴール 400 は常温で白色の粉末である．
5 マクロゴール軟膏は油脂性基剤として用いられる．

解説
1 点眼剤の粘性を増大させる目的で，水溶性高分子（メチルセルロースなど）を増粘剤として添加することができる．
2 ポビドンは主に結合剤や増粘剤などとして使われるが，滑沢剤としては使われない．
3 正しい．
4 マクロゴール 400 は，常温では無色澄明の粘稠性のある液体，マクロゴール 1500 は白色の滑らかなワセリンのような固体，マクロゴール 4000，6000，20000 は白色のパラフィンようの塊・薄片または粉末である．分子量によりその性状が大きく異なる．
5 マクロゴール軟膏は水溶性基剤として用いられる．

[正解] 3

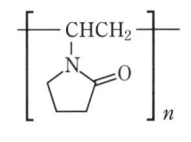

ポビドン　　　　　　　マクロゴール

図 13.4 ポビドンおよびマクロゴールの構造式

◆ 確認問題 ◆

次の文の正誤を判別し，○×で答えよ．

☐☐☐ 1 高分子の固有粘度は，その高分子の質量濃度を0に外挿したときの溶液の粘度である．

☐☐☐ 2 ヒドロキシプロピルセルロースは結合剤として用いられる．

☐☐☐ 3 マクロゴール軟膏では，重合度が異なる各種のマクロゴールを組み合わせて目的に応じた稠度の軟膏基剤をつくることができる．

☐☐☐ 4 ヒプロメロース2208では，ヒドロキシプロポキシル基が約22％，メトキシ基が約8％含有されている．

正　解

1（×）　固有粘度は，溶液の還元粘度を高分子濃度0に外挿したときの値である．

2（○）　その他の結合剤には，ポビドン（ポリビニルピロリドン），デンプン糊液，ヒプロメロース（ヒドロキシプロピルメチルセルロース），メチルセルロースなどがある．

3（○）　局方には次のように記載されている．マクロゴール軟膏はマクロゴール400とマクロゴール4000とを各500gずつ混合して調製する．ただし，マクロゴール400とマクロゴール4000のそれぞれ100g以内の量を互いに増減して全量1000gとし，適当な稠度の軟膏を製することができる．

4（×）　ヒプロメロースの置換度タイプは，メトキシ基（-OCH$_3$），ヒドロキシプロポキシル基（-OCH$_2$CH(CH$_3$)OH）の順で表され，ヒプロメロース2208では19.0～24.0％（中心値22％）がメトキシ基に，4.0～12.0％（中心値8％）がヒドロキシプロポキシル基に置換されている．

14 生物物理化学

14.1 ◆ 生体膜

到達目標
1) 生体膜の構造の特徴について，具体的に説明できる．
2) 膜の構造を決める相互作用について説明できる．

生体膜の基本単位は，両親媒性のリン脂質二重層である．その中に，タンパク質（膜タンパク質）が埋まっている．膜表面には糖鎖が存在する（図 14.1）．膜は非対称．膜厚は約 5 〜 7 nm．構造の安定化は，膜構成分子どうしの相互作用（水素結合，ファンデルワールス相互作用，疎水性相互作用，静電相互作用など）による．

膜の中で，脂質，タンパク質は動いている（流動性）．脂質の側方拡散，フリップフロップ（図 14.2），タンパク質の回転が観測される．

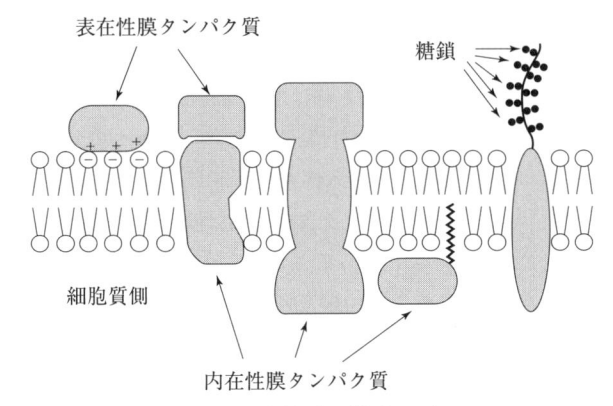

図 14.1 生体膜の構造モデル
図で，脂質 2 分子膜の上側が細胞の外側に，下側が細胞の内側に相当する．

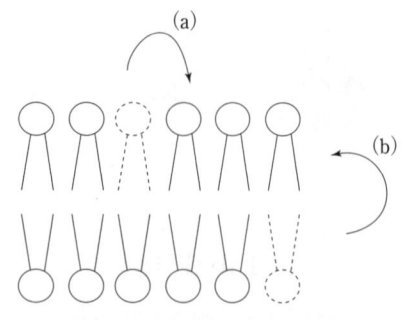

図 14.2　膜の中の脂質の運動
(a) 側方拡散
(b) フリップフロップ

問題 14.1　生体膜の構造に関係する次の記述のうち正しくないものはどれか．
1　両親媒性である．
2　「水と油は混じらない」という原理から自発的に形成される．
3　脂質二重層構造である．
4　流動性がある．
5　対称の構造である．

解説

1　生体膜の主成分であるリン脂質は，疎水部（炭化水素鎖）と親水部（極性基）をもつ両親媒性の分子である．

2, 3　リン脂質の疎水部は水と混じらない．このため，水を加えると疎水基どうしが自発的に会合し，極性基が水のほうを向いて並ぶ．駆動力は疎水性相互作用である．

4　リン脂質やタンパク質の一部は膜の中で動いている（流動モザイクモデル）．

5　誤り．二重層の内層と外層では脂質やタンパク質の組成が異なり，膜は非対称である．

[正解]　5

14.1 生体膜

> **問題 14.2** 生体膜の構造を安定化する要因としてあてはまらないものはどれか．
> 1 疎水性相互作用
> 2 ファンデルワールス相互作用
> 3 共有結合
> 4 水素結合
> 5 静電相互作用

解説 生体膜の構造を安定にしているのは，膜の分子どうしの**非共有結合性の相互作用**である．疎水性相互作用，ファンデルワールス相互作用，水素結合，静電相互作用などがある．

正解　3

◆ 確認問題 ◆

次の文の正誤を判別し，○×で答えよ．
- □□□ 1 膜に存在する脂質には，リン脂質，糖脂質，ステロールなどがある．
- □□□ 2 両親媒性とは，水との接触を好む親水部と水を嫌う疎水部をあわせもつ性質のことである．
- □□□ 3 生体膜形成の駆動力は，ミセル形成の場合と同じである．
- □□□ 4 膜タンパク質には，膜を貫いたり膜に埋まっている内在性タンパク質と，膜表面に結合している表在性（周辺）タンパク質がある．
- □□□ 5 分子は側方拡散により膜の中を移動する．
- □□□ 6 二重層をまたぐ脂質分子の移動はフリップフロップと呼ばれ，側方拡散よりも速い．
- □□□ 7 脂質二重層膜の厚さは，約 5～7 nm である．

正 解

1（○），2（○），3（○）　ともに駆動力は疎水性相互作用である．
4（○）

5（○）
6（×）フリップフロップは，側方拡散に比べてきわめて遅い運動である．
7（○）

14.2 ◆ 膜透過

到達目標 生体膜を介した物質の輸送について説明できる．

1) 膜透過（図 14.3, 14.4）

表 14.1 生体膜を介した物質輸送の種類と特徴

膜輸送の種類		濃度勾配との関係	膜輸送タンパク質の仲介	エネルギー消費
受動輸送	単純拡散	従う	なし	なし
	促進拡散	従う	あり	なし
能動輸送		逆らう	あり	あり

2) 膜電位（図 14.5）

膜電位：膜の両側にイオンの濃度差があるとき発生する電位差．

膜電位の変化：刺激によって，チャネルタンパク質（膜を通すための通路となるタンパク質）が特定のイオンを通したり通さなかったりするために生じる．

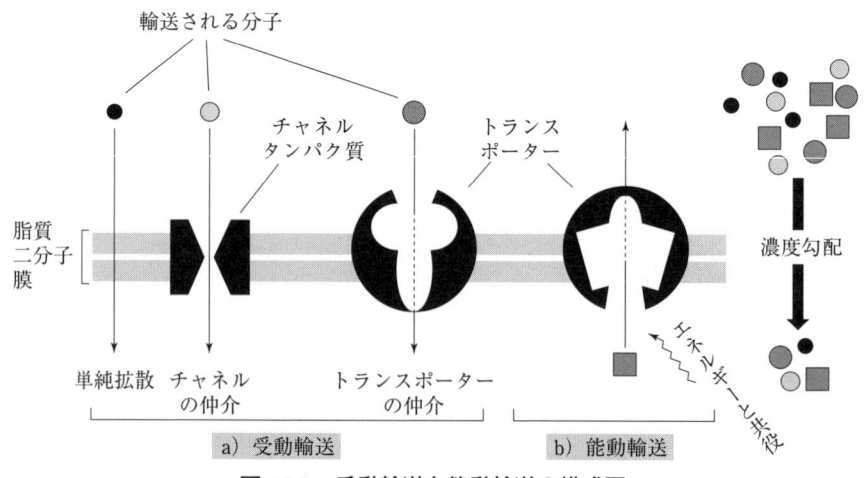

図 14.3 受動輸送と能動輸送の模式図

14.2 膜透過

図 14.4 生体内のさまざまな分子の膜透過

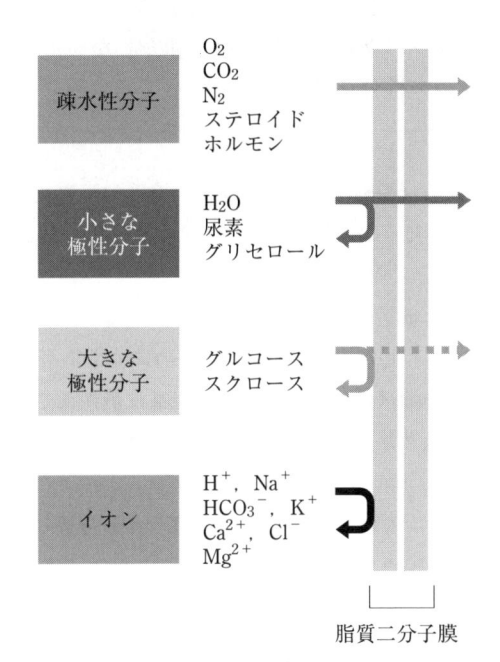

疎水性分子：O_2, CO_2, N_2, ステロイド, ホルモン

小さな極性分子：H_2O, 尿素, グリセロール

大きな極性分子：グルコース, スクロース

イオン：H^+, Na^+, HCO_3^-, K^+, Ca^{2+}, Cl^-, Mg^{2+}

脂質二分子膜

小さい分子，疎水性の強い分子ほど膜の中を速く拡散する．

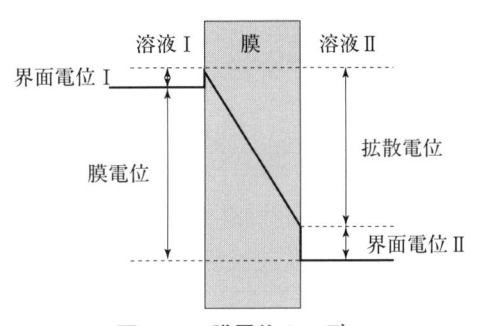

図 14.5 膜電位のモデル

溶液Ⅰ　膜　溶液Ⅱ
界面電位Ⅰ
膜電位
拡散電位
界面電位Ⅱ

問題 14.3 膜輸送に関する次の記述のうち，正しいものはどれか．

1. 膜の中の拡散（受動輸送）は，物質の濃度勾配に逆らって起こる．
2. 能動輸送では，濃度勾配に逆らって物質が移動する．
3. 受動輸送，能動輸送ともにエネルギーは消費されない．

4 膜輸送タンパク質は受動輸送を仲介しない．
5 イオンや極性分子は，容易に膜を透過する．

解説
1 拡散（受動輸送）は，物質の濃度勾配に従って起こる．濃度の高いほうから低いほうへ移動する過程である．
2 正しい．
3 能動輸送は受動輸送と異なり，濃度勾配に逆らって物質が移動する．したがって，輸送のためにエネルギーが必要である．
4 受動輸送には，単純拡散と促進拡散がある．促進拡散では，膜輸送タンパク質（トランスポーターやチャネル）が担体として働く（図14.3 参照）．
5 イオンや極性分子は，膜をほとんど透過しない．通常，膜輸送タンパク質の助けを借りて輸送される（図14.3，14.4 参照）．

正解 2

問題 14.4 細胞への薬物分子の入りやすさを調べるために最も適切な物理化学的指標はどれか．
1 オクタノール／水分配係数
2 拡散係数
3 旋光度
4 粘度
5 エントロピー

解説 細胞膜は油のような環境で，オリーブ油やオクタノールと似た性質をもつ．一方，血液は水分を多く含み，水のような環境である．そこで，水からオクタノールの相に薬物分子がどれだけ移動（分配）するかを調べて，薬が血液中から細胞に入りやすいかどうかを見積もることができる．この指標をオクタノール／水分配係数という．

正解 1

◆ 確認問題 ◆

次の文の正誤を判別し，○×で答えよ．

☐☐☐ **1** 膜の中の物質輸送は，濃度勾配との関係から，受動輸送と能動輸送に分類される．

☐☐☐ **2** 膜輸送タンパク質には，トランスポーターやチャネルがある．

☐☐☐ **3** 極性分子やイオンは，膜タンパク質の助けを借りて膜を透過する．

☐☐☐ **4** ポンプは，熱力学的にみて自発的に起こらない能動輸送を仲介するタンパク質である．

☐☐☐ **5** 細胞の中ではATPの加水分解で獲得したエネルギーを利用して受動輸送を行う．

☐☐☐ **6** 膜を透過できないホルモンや神経伝達物質に対しては，膜表面の受容体を介して情報伝達を行う．

☐☐☐ **7** 膜電位はイオンの膜透過によって生じる．

☐☐☐ **8** 神経細胞の興奮や筋肉の収縮は，膜電位が変化することによって起こる．

正 解

1（○）
2（○）
3（○）
4（○）
5（×） エネルギーを消費するのは能動輸送である．
6（○）
7（○）
8（○）

14.3 ◆ 酵素反応と阻害剤

到達目標　酵素反応とその阻害剤について説明できる．

1) 酵素反応
a. 特　徴
　ⅰ) 基質特異性：特定の分子（基質）に選択的に結合．
　ⅱ) 至適温度，至適 pH が存在．
b. 酵素-基質結合モデル
　ⅰ) 鍵と鍵穴モデル：酵素の活性部位は基質の形と相補的．
　ⅱ) 誘導適合モデル：基質が結合した後，活性部位の構造が相補的な形に変化．
c. 酵素反応速度とミカエリス-メンテンの式
　ⅰ) 酵素 E と基質 S が可逆的に結合して酵素-基質複合体 ES を形成．
　ⅱ) 酵素の触媒作用で生成物 P が生成し，酵素とともに解離．

$$\mathrm{E + S} \underset{k_2}{\overset{k_1}{\rightleftarrows}} \mathrm{ES} \overset{k_3}{\longrightarrow} \mathrm{P + E}$$

酵素反応の速度 v は，

$$v = d[\mathrm{P}]/dt = k_3[\mathrm{ES}] \tag{14.1}$$

ES の濃度は小さく，時間によって変化しない（図 14.6）．すなわち

$$\frac{d[\mathrm{ES}]}{dt} = k_1[\mathrm{E}][\mathrm{S}] - k_2[\mathrm{ES}] - k_3[\mathrm{ES}] = 0$$

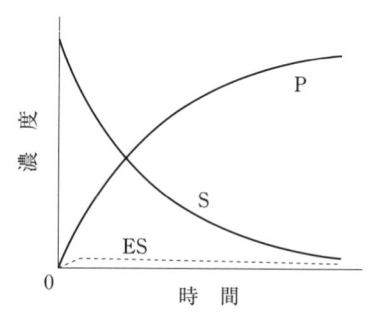

図 14.6　酵素反応における基質 S，酵素-基質複合体 ES，生成物 P の濃度の時間変化

14.3 酵素反応と阻害剤

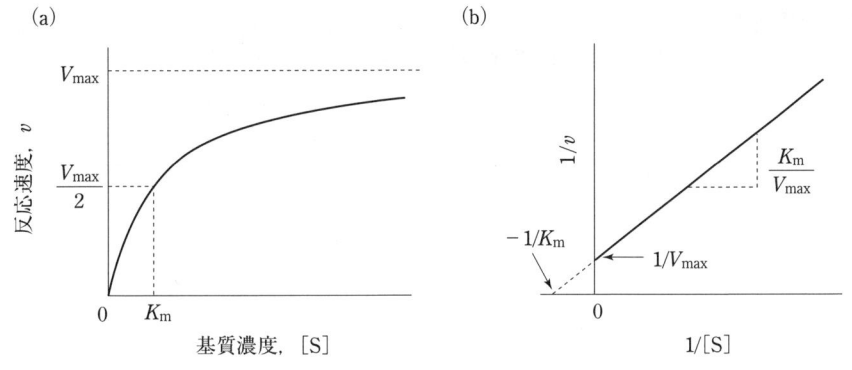

図 14.7 酵素反応の速度と基質濃度との関係
(a) 基質濃度と反応速度との関係
(b) ラインウィーバー–バークプロット（別名，二重逆数プロット）

$$\frac{[\mathrm{E}][\mathrm{S}]}{[\mathrm{ES}]} = \frac{k_2 + k_3}{k_1} = K_\mathrm{m} \tag{14.2}$$

K_m：ミカエリス定数

全酵素濃度 $[\mathrm{E}]_0 = [\mathrm{E}] + [\mathrm{ES}]$ を式 (14.2) に代入して，$[\mathrm{ES}] = \dfrac{[\mathrm{E}]_0[\mathrm{S}]}{K_\mathrm{m} + [\mathrm{S}]}$

これを式 (14.1) に代入して，$v = \dfrac{k_3[\mathrm{E}]_0[\mathrm{S}]}{K_\mathrm{m} + [\mathrm{S}]}$

基質濃度が十分大きい（$[\mathrm{S}] \gg K_\mathrm{m}$）とき，$v$ は最大値 $V_\mathrm{max} = k_3[\mathrm{E}]_0$ に近づく．これを用いると，

$$v = V_\mathrm{max} \frac{[\mathrm{S}]}{K_\mathrm{m} + [\mathrm{S}]} \quad : \text{ミカエリス-メンテンの式} \tag{14.3}$$

K_m：反応速度が最大速度の 1/2 になるときの基質濃度（図 14.7(a)）

式 (14.3) の逆数をとると，

$$\frac{1}{v} = \frac{K_\mathrm{m}}{V_\mathrm{max}} \frac{1}{[\mathrm{S}]} + \frac{1}{V_\mathrm{max}} \quad : \text{ラインウィーバー-バークの式} \tag{14.4}$$

$1/v$ vs. $1/[\mathrm{S}]$ のプロットは直線となる．その切片と傾きから K_m と V_max が求められる（図 14.7(b)）．

2) 阻害剤

表 14.2　酵素阻害剤の種類と V_{max}, K_m に及ぼす影響

	V_{max}	K_m
競合阻害剤	変わらない	$(1 + [I]/K_I)$ 倍
非競合阻害剤	$(1 + [I]/K_I)^{-1}$ 倍	変わらない
不競合阻害剤	$(1 + [I]/K_I)^{-1}$ 倍	$(1 + [I]/K_I)^{-1}$ 倍

[I]：阻害剤の濃度，K_I：阻害定数（酵素-阻害剤複合体の解離定数）

問題 14.5　次のうち酵素反応に関係するものはどれか．
1. フィック Fick の式
2. ラングミュア Langmuir の吸着等温式
3. ネルンスト Nernst の式
4. ストークス Stokes の式
5. ミカエリス-メンテン Michaelis-Menten の式

解説
1. 拡散が物質の濃度勾配に従って起こることを示す式である（第11章11.1を参照）．
2. 単分子層吸着を示す．
3. 膜の両側の電解質溶液濃度と膜電位との関係を知ることができる．
4. 重力による粒子の沈降速度と粒子の大きさとの関係を示す．
5. 正しい．酵素反応を表す代表的な式である．

正解　5

問題 14.6　酵素反応の競合（拮抗）阻害剤について，正しいものはどれか．
1. 酵素-基質複合体に結合する．
2. 触媒活性を妨害する．
3. 酵素反応の最大速度に影響を与える．
4. 酵素の活性部位に結合する．
5. 触媒作用がある．

解説
1 不競合阻害剤の場合である．
2 非競合阻害剤の場合である．
3 非競合阻害剤の場合である．
4 正解．競合阻害では，基質に類似した構造をもつ阻害剤が酵素の活性部位で基質と競合する．
5 阻害剤自体は触媒ではない．

正解 4

◆ 確認問題 ◆

次の文の正誤を判別し，○×で答えよ．

□□□ 1 酵素は，特定の反応物（基質）と選択的に結合して触媒作用を示す．これを基質特異性という．
□□□ 2 酵素と基質の間の相互作用は共有結合である．
□□□ 3 酵素と基質の結合の様式に，鍵と鍵穴モデルや誘導適合モデルがある．
□□□ 4 酵素は反応物と生成物のギブズエネルギー差に影響を与える．
□□□ 5 酵素は遷移状態の活性化エネルギーを低下させる．
□□□ 6 酵素は，基質と複合体を形成して，遷移状態への移行を促進する．
□□□ 7 一般に，酵素活性が最大になる温度とpHが存在する．
□□□ 8 ミカエリス-メンテンの式のミカエリス定数は，酵素反応の速度が最大速度の1/2になるときの基質濃度に等しい．
□□□ 9 ラインウィーバー-バークプロットの切片と傾きから，ミカエリス定数と最大速度を求めることができる．
□□□ 10 ラインウィーバー-バークプロットを用いて，酵素反応阻害剤の反応機構を解析することができる．

正解

1（○）
2（×）酵素と基質の間に働く力は，非共有結合による弱い分子間相互作用である．
3（○）
4（×）酵素は，他の触媒と同様，反応の活性化エネルギーを下げるが，反応物と生成物のギブズエネルギー差には影響を与えない．ギブズエネルギーのこ

210　14. 生物物理化学

とをギブズ自由エネルギーともいう．

5（○）

6（○）

7（○）　それぞれ，至適温度，至適 pH という．

8（○）

9（○）　ラインウィーバー–バークプロットは，縦軸に酵素反応速度の逆数を，横軸に基質濃度の逆数をとったものである．反応がミカエリス–メンテンの式に従うとき，プロットは直線になる．図 14.7(b) を参照．

10（○）

14.4 ◆ 生体高分子

到達目標
1) 代表的な生体高分子の構造について説明できる．
2) 生体高分子の立体構造を規定する因子について説明できる．

1) タンパク質（図 14.8）

表 14.3　タンパク質の階層構造の分類

分　類		安定化に関与する因子
一次構造	アミノ酸配列	
二次構造	α ヘリックス，β シートなど部分的立体構造	水素結合
三次構造	ポリペプチド鎖 1 本の全立体構造	ファンデルワールス力，水素結合，静電相互作用，ジスルフィド結合
四次構造	複数のポリペプチド鎖の位置関係	分散力，静電相互作用

2) 核　酸

二重らせん構造（図 14.9 左）．

構造形成の要因：塩基間の水素結合や積み重ね（π-π スタッキング）など（図 14.9 右）．

14.4 生体高分子 **211**

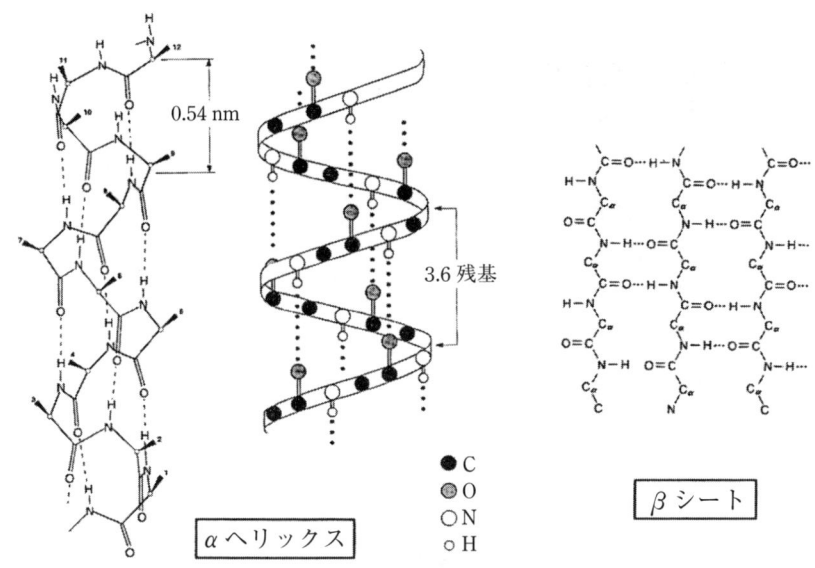

図 14.8 ポリペプチド鎖の二次構造
点線は水素結合を示す．

問題 14.7 タンパク質の分子量を決定する方法としてあてはまらないものはどれか．
1　SDS ゲル電気泳動
2　固有（極限）粘度
3　浸透圧
4　光散乱
5　核磁気共鳴（NMR）

解説　タンパク質の分子量決定法として，SDS ゲル電気泳動，固有粘度の測定，浸透圧測定，沈降速度の測定，光散乱などがある．核磁気共鳴（NMR）では，タンパク質の立体構造を決めることができる．

正解　5

212　14. 生物物理化学

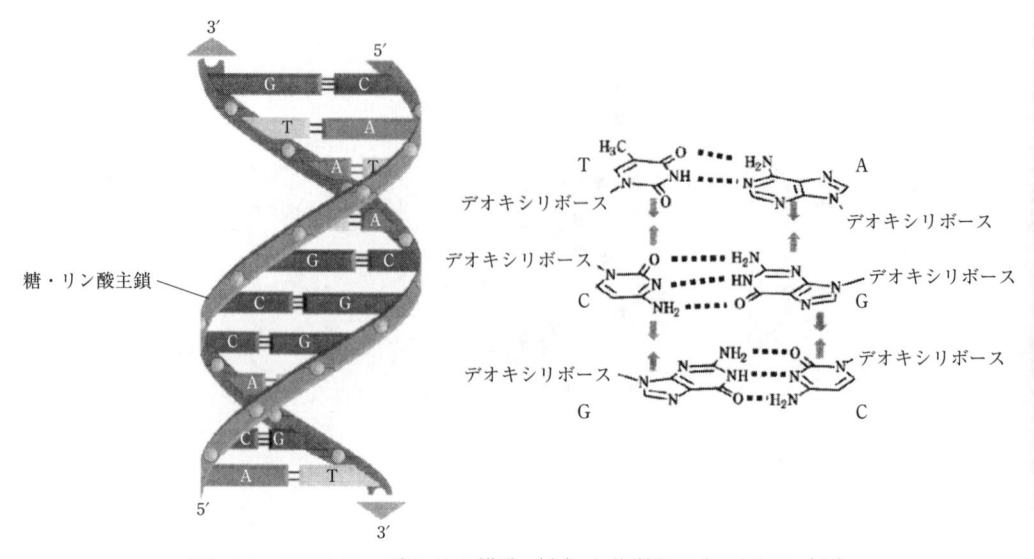

図 14.9　DNA の二重らせん構造（左）と塩基間の相互作用（右）
A, T, G, C は，アデニン，チミン，グアニン，シトシンの略．右図の点線と矢印は，それぞれ，塩基間の水素結合と π-π スタッキングを示す．

問題 14.8　次のうち，タンパク質の変性に一般的には関与しないものはどれか．

1. pH
2. 熱
3. イオン強度
4. 生理食塩水
5. 界面活性剤

解説　タンパク質の変性は，pH，熱，イオン，有機溶媒，グアニジウム塩や界面活性剤などの変性剤によって起こる．生理食塩水中では，NaCl の濃度あるいはイオン強度が相対的に低いので，一般的にはタンパク質は変性しない．

正解　4

◆ 確認問題 ◆

次の文の正誤を判別し，○×で答えよ．

□□□ **1** タンパク質の α ヘリックスや β シート構造の形成には，水素結合が関与する．

□□□ **2** アミノ酸残基の側鎖の間に働く静電相互作用や疎水性相互作用は，タンパク質の立体構造を不安定にする．

□□□ **3** タンパク質の中で決まった立体構造をとっていない部分をランダムコイルという．

□□□ **4** タンパク質の溶解度は，電解質を加えても変化しない．

□□□ **5** タンパク質の立体構造は，天然型が最も不安定（自由エネルギーが最大）である．

□□□ **6** グリコサミノグリカン（ムコ多糖）は，親水基に富み，水和水が多く，水和層も厚い．

□□□ **7** 核酸塩基は，水素結合により相補的な塩基対をつくる．

正 解

1（○）

2（×）静電相互作用や疎水性相互作用は，ヘリックスなどタンパク質の立体構造を安定化する．

3（○）

4（×）タンパク質の溶解度は，添加塩の種類と濃度によって変化する．塩濃度の増加で溶解度が増加する現象を塩溶，溶解度が減少する現象を塩析という．塩析は，添加したイオンがタンパク質の水和水を奪うために起こる．

5（×）一次構造から考えられるタンパク質の高次構造はいくつもある．その中で，天然型は最も安定（自由エネルギーが最小）な立体構造である．天然型と変性型の自由エネルギー差が小さい場合は，可逆的に変化する．

6（○）グリコサミノグリカンとタンパク質が結合したものはプロテオグリカン proteoglycan と呼ばれる．結合組織に含まれ，組織間の潤滑成分として機能する．

7（○）核酸の立体構造は，ワトソン・クリックによって提唱された二重らせんで

ある．塩基対の形成には水素結合が，二重らせんの安定化には，疎水性相互作用やπ電子をもつ塩基の環どうしのπ-πスタッキング（分散力）が寄与する．

15 放射化学

到達目標 放射壊変，放射線の種類と性質，放射線の測定原理，放射平衡について説明できる．

不安定な原子核が放射線を放出して安定な原子核に変わるのが放射壊変である．親核種から娘核種になるときの原子番号と質量数の変化は，α，β，γ 壊変によって異なる．質量数の大きな原子核は α 壊変を起こし，原子番号が2，質量数が4減少した娘核種が生成する（例：$^{226}_{88}$Ra → $^{222}_{86}$Rn）．中性子数が陽子数よりも多い原子核は β^- 壊変をし，原子番号が1増加した娘核種を生成する（例：$^{90}_{38}$Sr → $^{90}_{39}$Y）．一方，陽子数が中性子数より多い原子核は β^+ 壊変をして，原子番号が1減少した娘核種を生成する（例：$^{11}_{6}$C → $^{11}_{5}$B）．なお，β^- 壊変も β^+ 壊変も，例にみられるように，ともに質量数には変化がない．

比電離度の大きさの順は α 線 > β 線 > γ 線，透過性の大きさの順は γ 線 > β 線 > α 線であり，それぞれ体内被曝時と体外被曝時の危険性に関係する．α 線は厚紙1枚で遮蔽できるが，γ 線の遮蔽には鉛やコンクリートが必要である（問題15.6も参照）．

放射線の測定器には，電離作用を利用したガイガー-ミュラー計数管，励起作用を利用した液体シンチレーションカウンターや NaI（Tl）シンチレーションカウンターがあり，それぞれ高エネルギーの β 線，低エネルギーの β 線，γ 線の測定に適している．

^{123}I，^{131}I，^{99m}Tc，^{111}In，^{201}Tl などは医療領域で用いられる．半減期の短い娘核種を取り出すために，放射平衡を利用したミルキングが用いられる．

問題 15.1 放射線の性質に関する記述のうち，正しいものはどれか．
1 α 線の本体は水素原子核である．
2 α 線の透過性は γ 線の透過性よりも大きい．
3 α 線の飛程は β^- 線の飛程より短い．
4 α 線は β^- 線より比電離能が小さい．

5　β^-線は線スペクトルを示す．

解説
1　α線の本体はヘリウム原子核である．
2　透過性の大きさの順はγ線＞β線＞α線である．
3　正しい．
4　比電離能は，α線＞β線＞γ線の順である．
5　β^-線は連続スペクトルを示す．線スペクトルを示すのは，α線，γ線，特性X線である．

正解　3

問題15.2　放射壊変に関する記述のうち，正しいものはどれか．
1　1回のα壊変により，親核種よりも原子番号が1，質量数が1減少した娘核種が生成する．
2　1回のα壊変により，親核種よりも原子番号が2，質量数が4減少した娘核種が生成する．
3　1回のβ^-壊変により，親核種よりも原子番号が1，質量数が1減少した娘核種が生成する．
4　1回のβ^+壊変により，親核種よりも原子番号が1増加し，質量数には変化のない娘核種が生成する．
5　1回の核異性体転移により，親核種と原子番号は同じで，質量数が1減少した娘核種が生成する．

解説
1　α壊変により原子番号は2，質量数は4減少する．
2　正しい．
3　β^-壊変により原子番号は1増加するが，質量数は変化しない．
4　β^+壊変により原子番号は1減少するが，質量数は変化しない．
5　誤．原子番号も質量数も等しいが，エネルギー準位の異なる核種を核異性体と呼ぶ．励起された核異性体がγ線を放射することを核異性体転移という．したがって，核異性体転移では原子番号も質量数も変化しない．

15. 放射化学

壊変形式による娘核種の原子番号と質量数の変化を表 15.1 にまとめた．215 ページの説明文も参照．

[正解] 2

表 15.1 壊変形式による原子番号と質量数の変化

壊変形式	娘核種の原子番号	娘核種の質量数
α 壊変	$Z - 2$	$A - 4$
β^- 壊変	$Z + 1$	A
β^+ 壊変	$Z - 1$	A
軌道電子捕獲	$Z - 1$	A
γ 壊変	Z	A
核異性体転移	Z	A

問題 15.3 炭素の同位元素に関する記述のうち，正しいものはどれか．
1. ^{11}C は陰電子を放出する．
2. ^{12}C の陽子の数は 12 である．
3. ^{13}C は β^- 線を放出し，核磁気共鳴（NMR）に応答する．
4. ^{14}C は陽子の数が中性子の数より多く，β^- 壊変をする．
5. ^{14}C の半減期は約 5700 年であり，考古学において年代測定に利用される．

解説
1. ^{11}C は陽電子（ポジトロン）を放出する．
2. ^{12}C の陽子数は 6，中性子数は 6 である．
3. ^{13}C は $_6C$ の安定同位元素であり，β^- 線も β^+ 線も放出しない．NMR 測定に利用される．
4. ^{14}C の陽子数は 6，中性子数は 8 であり，中性子数のほうが陽子数よりも多い．β^- 壊変をする．
5. 正しい．^{14}C は放射性トレーサーとしても利用される．

[正解] 5

問題 15.4 放射平衡に関する記述のうち，正しいものはどれか．
1. 親核種の半減期 (T_A) が娘核種の半減期 (T_B) より非常に長い場合 ($T_A \gg T_B$)，過渡平衡が成り立つ．
2. 親核種の半減期 (T_A) が娘核種の半減期 (T_B) より 10～1000 倍程度長い場合 ($T_A > T_B$)，永続平衡が成り立つ．
3. 放射平衡を利用して，短半減期の娘核種を長半減期の親核種から取り出す操作をクリーミングという．
4. ^{99}Mo は ^{99}Tc から，放射平衡を利用して取り出される．
5. 過渡平衡が成り立つとき，娘核種は親核種の半減期に従って壊変し，親核種と娘核種の放射能の比が一定になる．

解説
1. $T_A \gg T_B$ の場合，永続平衡が成り立つ．
2. $T_A > T_B$ の場合，過渡平衡が成り立つ．
3. ミルキングという．
4. ^{99}Mo → ^{99m}Tc → ^{99}Tc．過渡平衡を利用して ^{99}Mo から ^{99m}Tc が取り出される．
5. 正しい．

正解　5

問題 15.5 放射性核種の医療での利用に関する記述のうち，正しいものはどれか．
1. 過テクネチウム酸ナトリウム（核種：^{99m}Tc）は，心筋シンチグラムによる心臓疾患の診断に用いられる．
2. 塩化タリウム（核種：^{201}Tl）は，脳腫瘍および脳血管障害の診断に用いられる．
3. ヨウ化ナトリウム（核種：^{123}I）は，甲状腺機能の診断に用いられる．
4. 塩化インジウム（核種：^{111}In）は，肺機能の診断に用いられる．
5. 塩化ストロンチウム（核種：^{90}Sr）は，骨髄腫瘍の診断に用いられる．

15.　放射化学　*219*

解説
1　過テクネチウム酸ナトリウム（^{99m}Tc）は，脳疾患の診断に用いられる．
2　塩化タリウム（^{201}Tl）は，心臓疾患の診断に用いられる．
3　正しい．
4　塩化インジウム（^{111}In）は，骨髄疾患の診断に用いられる．
5　^{90}Sr は高エネルギー β^- 線を放出する核種であり，半減期は29年と長く，骨に蓄積する．人体に危険な核種であり，診断薬としては利用できない．

正解　3

問題 15.6　放射線の影響に関する記述のうち，正しいものはどれか．
1　放射線の感受性は，神経組織のほうが小腸よりも大である．
2　体内被曝時の危険性は，β^- 線のほうが α 線よりも大である．
3　体外被曝時の危険性は，β^- 線のほうが γ 線よりも大である．
4　吸収線量の単位は Sv（シーベルト）である．
5　体内に取り込まれた放射性核種の有効半減期（T_e）は，物理的半減期（T_p）と生物学的半減期（T_b）と，$(1/T_e) = (1/T_p) + (1/T_b)$ の関係にある．

解説
1　人体の放射線の感受性は，リンパ球，骨髄＞生殖腺＞小腸，皮膚＞筋肉＞神経組織である．
2　体内被曝では電離能力の大きい放射線が危険である．体内被曝時の危険性の大きさの序列は，α 線＞β 線＞γ 線である．
3　体外被曝では透過性の大きな γ 線が最も危険である．体外被曝時の危険性の大きさの序列は，γ 線＞β 線＞α 線である．
4　吸収線量の単位は，グレイ（Gy）である．
5　正しい．

正解　5

◆ 確認問題 ◆

次の文の正誤を判別し，○×で答えよ．

□□□ 1 X線の本体は，原子核外で放出される電磁波である．

□□□ 2 γ線は，物質中を進行する際に，光電効果，コンプトン効果，電子対生成によってエネルギーを失う．

□□□ 3 α線は物質透過性が極めて大きく，遮蔽には鉛が必要である．

□□□ 4 ^{131}Iのほうが ^{123}I よりも半減期が短い．

□□□ 5 ^{131}I は壊変により γ 線の他に β 線も放出する．

□□□ 6 $β^+$ 線は物質と相互作用して消滅し，その際，互いに反対方向に向かう 2 本の γ 線が放出される．

□□□ 7 ^{99m}Tc が ^{99}Tc に核異性体転移（IT）するとき，γ 線が放射される．

□□□ 8 ガイガー-ミュラー計数装置（GM 計数管）は，放射線が物質を電離する性質を利用して放射能を測定する装置である．

□□□ 9 GM 計数管は，一般に α 線量の測定に用いられる．

□□□ 10 液体シンチレーションカウンターは，^{3}H などが放出する低エネルギー $β^-$ 線の放射線量の測定に用いられる．

□□□ 11 液体シンチレーションカウンターでは，$β^-$ 線のエネルギーにより生じる発光の強さを測定している．

□□□ 12 放射能の計数値の誤差は，測定時間が長いほど大きくなる．

□□□ 13 NaI（Tl）シンチレーターを備えた γ 線スペクトルメーターを用いて γ 線のエネルギーを測定することで，γ 線放射核種を推定することが可能である．

□□□ 14 ^{125}I 標識化合物の放射能の測定には NaI（Tl）シンチレーションカウンターが適している．

□□□ 15 ^{137}Cs は骨に蓄積する．

□□□ 16 ジャガイモの発芽防止の目的で，^{137}Cs の γ 線が照射される．

□□□ 17 滅菌，殺菌の目的で，^{60}Co の γ 線が利用される．

□□□ 18 ^{99m}Tc の半減期は 6 時間である．24 時間後の ^{99m}Tc の量は初めの 25 %である．

正　解

1　(○)
2　(○)　光電効果とは γ 線が原子と衝突し，軌道上の電子をはじきとばす現象．コンプトン効果とは，γ 線が物質中を通過するとき，その中の軌道電子に散乱され，エネルギーと方向を変える現象．電子対生成とは，エネルギーが 10.2 MeV 以上の γ 線が原子核の近傍を通るとき，その電場の作用により陽電子と陰電子の対をつくり，自らは消滅する現象．
3　(×)　α 線の物質透過性は極めて小さく，厚紙 1 枚で遮蔽できる．
4　(×)　^{131}I のほうが ^{123}I よりも半減期が長い．
5　(○)
6　(○)
7　(○)
8　(○)
9　(×)　GM 計数管は，主に β 線の測定に用いられる．
10　(○)
11　(○)
12　(×)　誤差は，測定時間が短いほど大きい．
13　(○)
14　(○)
15　(×)　^{137}Cs は筋肉に蓄積する．
16　(○)
17　(○)
18　(×)　1 次反応で減衰し，6 時間ごとに 1/2 になる．24 時間後には，半減期 6 時間の 4 倍を経過しているので，$(1/2)^4 = 1/16$，すなわち，6.25 % になる．

日本語索引

ア

アインシュタイン-ストークスの関係式 153, 155
アインシュタインの粘度式 149
圧縮応力 135
圧力-組成図
　2成分系 67
アノード 100
アモルファス 43
アラビアゴム 192
アレニウス式 179
アレニウスプロット 179, 180
安息角 37
アンドレアセンピペット 31, 34
アンドレードの式 142
α壊変 217
α線 215
αヘリックス 210

イ

イオン化エネルギー 10
イオン結合 12, 22, 24
イオン結晶 43
イオン-双極子間相互作用 22, 24
一次構造 210
1次反応 169, 171
一般試験法 1, 4

ウ

ウォッシュバーンの式 38, 113
運動粘性率 137

エ

液相-液相平衡
　2成分系 70
液相置換法 44
液体シンチレーションカウンター 215
エネルギー 15
エネルギー準位 18
エマルション 125
エルダーの仮説 38, 40
塩化インジウム 219
塩化タリウム 219
塩析 122
エンタルピー 15
エントロピー 16, 21
HLB値 107
NaIシンチレーションカウンター 215
S-D曲線 138
SDSゲル電気泳動 211
SI基本単位 1
SI組立単位 1
SI単位 1

オ

応力 135
オクタノール/水分配係数 204
オストワルドの相容積理論 125
オストワルド-フロイントリッヒの式 86
オリフィス 37
温度-組成図
　2成分系 67, 73
o/w型 125

カ

ガイガー-ミュラー計数管 215
回転エネルギー準位 18
回転粘度計 147
界面活性剤 125
化学結合 12
化学電池 100
化学ポテンシャル 16, 20, 58, 94
鍵と鍵穴モデル 206
可逆反応 177
核異性体 216
　転移 216, 217
拡散 153
核酸 210
拡散係数 153
拡散律速 87
核磁気共鳴 211
拡張ぬれ 107
かさ比容積 36
かさ密度 36
カソード 100
過テクネチウム酸ナトリウム 219

カルメロース　194
還元　100
還元粘度　147, 185
カンテン　192
緩和時間　144
γ壊変　217
γ線　215

キ

擬1次反応　170
気液平衡
　2成分系　67
希ガス
　沸点　23
キセロゲル　188
気体
　性質　55
気体分子の速度　17
起電力　100
軌道相関　11
軌道電子捕獲　217
希薄溶液
　束一的性質　94
ギブズエネルギー　209
ギブズの自由エネルギー
　16, 210
ギブズの相律　65
ギブズの吸着等温式　107
吸湿性　38
吸着等温式　31
吸着等温線　31
吸着法　31
競合阻害剤　208
凝固点降下　95
凝固点降下定数　95
凝集　126, 189
凝析　121, 122
共通イオン効果　83
共鳴　13
共役　13
共有結合　12, 22, 24
共有結合結晶　43

極限粘度　185
極限モル導電率　101
金属結合　12
金属結晶　43

ク

空間率　36
空隙率　36
クエット型粘度計　147
屈折率　4
クラフト点　107
クラペイロン-クラウジウスの式　64
クラペイロンの式　63
グリコサミノグリカン　213
クリープ回復　145
クリープ現象　145
クリーミング　126
グリーン径　29
クルムバイン径　29
クーロン相互作用　99
クーロンの式　37

ケ

系　15
経路関数　17
ケーキング　127
結晶　43
結晶系　43
結晶セルロース　194
結晶多形　45, 48
原子　9
原子軌道　12
　エネルギー準位　13
原子構造　9

コ

コアセルベーション　124, 185, 187

コアセルベート　186
光学顕微鏡法　29
光散乱　211
剛性率　136
構造粘性　141
酵素-基質結合モデル　206
酵素阻害剤　208
酵素反応　206
酵素反応速度　206
光電効果　221
降伏値　138
固液平衡
　2成分系　72
コゼニー-カーマン式　32
固体　43
　熱分析　49
固有粘度　147, 185, 211
孤立系　18
コールターカウンター法　30
コールラウシュのイオン独立移動の法則　101, 105
コロイド　119
コロイド分散系　118, 119
混成軌道　12
コンダクタンス　100
コンプトン効果　221

サ

細孔通過法　30
サスペンション　127
酸化　100
三次構造　210
三斜晶系　44
3成分系相図　77
三方晶系　44
残留ひずみ　135

シ

示強変数　17, 19

日本語索引

仕事　15
示差走査熱量計　50
示差熱分析　50
シネレシス　188
ジーメンス　100
斜方晶系　44
自由エネルギー　16, 20
充てん性　36
受動輸送　202, 204
シュルツ・ハーディの規則　122
準塑性流動　138
準粘性流動　138
蒸気圧　93
蒸気圧曲線　67
蒸気圧効果　94
状態関数　17
状態図　58
晶癖　45
食塩価　98
触媒反応　181
示量変数　17
親液性コロイド　119
親水コロイド　121
親水性水和　81
浸漬ぬれ　107
浸透圧　95, 211
振動エネルギー準位　18
振動式密度測定法　45
真の分配係数　157
真密度　36
θ-状態　185, 187
θ-溶媒　185, 187
GM 計数管　221

ス

水素結合　22, 25
水溶液　93
水溶性　81
水和　81
ストークスの式　33, 126, 208
ストークスの法則　30
ストークス半径　153
ずり応力　137
ずり速度　137

セ

精製セラック　192
生体高分子　210
生体膜　199
静電相互作用　22
正方晶系　44
積分型速度式　171
積分法　173
接触角　38
セラセフェート　194
ゼラチン　192
セルロース　193, 194
セルロース誘導体　193, 195
せん断応力　135

ソ

増感作用　189
双極子間相互作用　22
双極子-双極子間相互作用　22, 24
双極子-誘起双極子間相互作用　22
相互溶解度曲線　70
相図　67
相対粘度　147, 185
相平衡　55
相変化　58
相律　17, 55, 65
疎液性コロイド　119
束一的性質　93, 94, 97
促進拡散　204
速度式
　溶解　86
速度定数　169
側方拡散　200

疎水コロイド　121
疎水性水和　81
疎水性相互作用　23, 24
塑性　135
塑性流動　138
粗大分散系　118, 125
素反応　176

タ

体外被曝　219
体積弾性率　136
体内被曝　219
第2ビリアル係数　185
ダイラタンシー　150
ダイラタント流動　138
多形
　化学ポテンシャル　61
多形転移　46
ターゲティング　162
ダッシュポット　143
ダルトン　93
単位格子　43
単斜晶系　44
単純拡散　204
弾性変形　135
タンパク質　210
　変性　212
w/o 型　125

チ

チキソトロピー　138
逐次反応　177
チャネル　204
チャネルタンパク質　202
沈降　33, 127
沈降速度　211
沈降天秤　31, 35
沈降法　30
チンダル現象　120

テ

定方向最大径　29
テイル　189
てこの規則　68
デバイ-ヒュッケルの極限法則　99
電解質水溶液　99
電荷移動錯体　23
電気陰性度　11
電気伝導率　101
電気二重層　120
電極電位　100, 103
電子親和力　10, 14
電子配置　10
転相　125
伝導率　101
デンプン　192
DLVO 理論　120

ト

投影面積円相当径　29
透過法　32
等張化　95, 98
導電率　100
動粘度　137
特殊酸塩基触媒反応　181
トムソン散乱　47
トラガント　192
ドラッグデリバリーシステム　162
トランスポーター　204
ドルトン　93
トレイン　189

ナ

内部エネルギー　16
内部摩擦係数　37

ニ

二酸化炭素
　状態図　59
二次構造　210
2 次反応　169, 172
二重らせん構造　210, 212
2 成分系相図　67
日本薬局方一般試験法　1, 4
乳化剤　125
ニュートンの法則　137, 141
ニュートン流動　137, 138

ヌ

ぬれ　38, 107, 113

ネ

熱　15
熱可逆性ゲル　188
熱硬化性ゲル　188
熱重量測定法　49
熱分析　49
熱容量　15
熱力学　15, 93
熱力学第 0 法則　15
熱力学第 1 法則　15
熱力学第 2 法則　15, 18
熱力学第 3 法則　15
ネルンスト・ノイエス・ホイットニーの式　87, 164
ネルンストの式　208
粘性率　137, 139
粘弾性　143
粘弾性物質　143
粘度　137
粘度計　146

ノ

ノイエス・ホイットニーの式　87
能動輸送　202, 204

ハ

配位結合　12, 14
ハイゼンベルグの不確定性原理　9
パウリの排他原理　10
ハーゲン-ポアズイユの法則　140, 146
バネ　143
バンクロフトの規則　125
半減期法　176
半合成高分子　193
半透膜　95
反応次数　169
反応速度　169
　温度依存性　179
反発力　22
π-π スタッキング　210, 214

ヒ

光散乱　211
非共有性相互作用　201
ヒクソン・クロウエルの立方根則　87
ヒグチ式　191
比重　48
非晶質　43
ヒステリシスループ　141
ひずみ　135
引張り応力　135
ヒドロキシプロピルセルロース　194
非ニュートン性粘度　141
非ニュートン流動　137

日本語索引

比熱　15, 49
比粘度　147, 185
比表面積法　31
ヒプロメロース　194
微分型速度式　169, 171
標準状態　15
標準生成エンタルピー　15
標準電極電位　100
標的指向化　162
ビンガム流動　138
貧溶媒　185

フ

ファラデー定数　100
ファン・デル・ワールスの状態方程式　55
ファン・デル・ワールス力　22, 210
ファント・ホッフ係数　102
ファント・ホッフの式　16, 180
ファント・ホッフの浸透圧の法則　95
フィックの式　208
フィックの第一法則　153
フィックの第二法則　153
フェレー径　29
フォークト粘弾性　144
フォークトモデル　145
複合体形成　22
付着ぬれ　107
沸点曲線　67
沸点上昇　94
沸点上昇定数　95
沸騰　62
浮遊法　44
ブラウン運動　120
フリップフロップ　200
ふるい分け法　29
分散系　117

分散作用　189
分散力　22, 24
分子　9
分子間相互作用　22, 47
分子軌道　11
分子結晶　43
分子分散系　118
粉体
　吸湿性　37
　充てん性　36
　ぬれ　38
　物性　36
　粒子径　29
　流動性　36
フント則　10
分配係数　156
分別蒸留　68
粉末セルロース　194
粉末X線回折法　46, 49
分留　68

ヘ

ヘイウッド径　29
平衡状態　16
平衡定数　17
平行反応　177
並進エネルギー準位　18
併発反応　177
ヘスの法則　15
ヘルムホルツの自由エネルギー　16
変形　135
ヘンリーの法則　94
β 壊変　217
β シート　210
β 線　215
BET式　31

ホ

ポアソン比　136
ボーアの原子モデル　9

ボイル-シャルルの法則　55
放射性壊変　216
放射性トレーサー　217
放射線　215, 219
放射平衡　218
包接化合物　23
保護コロイド　124, 127
保護作用　189
ポジトロン　217
ポビドン　193, 197
ホフマイスター順列　122, 123
ポリエチレングリコール　193

マ

マイクロカプセル　190
マイクロスフェア　190
マクスウェル粘弾性　143
マクスウェル物体　143
マクスウェルモデル　144
膜電位　202
膜透過　161, 202
膜透過係数　161
マーク-フーウィンク-桜田の式　185
膜輸送　202, 203
膜輸送タンパク質　204
マクロゴール　193, 197
マーチン径　29
マトリックス型製剤　163

ミ

ミカエリス-メンテンの式　206, 207, 208, 210
みかけ比容積　36
みかけ密度　36
水
　状態図　58, 60
ミセル　107

密度　44, 48
ミルキング　215, 218

ム

ムコ多糖　213

メ

メチルセルロース　194

モ

毛管上昇法　114
毛細管型粘度計　146
モル導電率　101, 109
モル熱容量　50
モル沸点上昇　95

ヤ

薬用石ケン　108
ヤングの式　38
ヤング率　136

ユ

融点図　72
誘導適合モデル　206

ヨ

溶解　81
　拡散律速　87
　速度式　86

溶解現象　81
溶解性　81
溶解速度　86, 164
溶解度　81
溶解度積　82
溶解平衡　81
ヨウ化ナトリウム　218
容積価　99
陽電子　217
溶媒和　81
溶媒和結晶　46
四次構造　210

ラ

ラインウィーバー-バークの式　207
ラインウィーバー-バークプロット　210
ラウールの法則　68, 93
落球粘度計　147
ラックカイガラムシ　192
ラングミュアの吸着等温式　31, 107, 208

リ

離液順列　122
離漿　188
理想希薄溶液　94, 96
理想溶液　93
律速段階　177
立方晶系　44
粒子径　29, 32
粒子密度　36

流束　161
流動　135, 137
流動性　36, 39, 143
流動度　137, 143
流動モザイクモデル　200
粒度分布　32
菱面体　44
良溶媒　185
臨界相対湿度　38, 40
臨界ミセル濃度　107

ル

ルシャトリエの原理　16
ループ　189

レ

0次反応　169, 172
0次放出　191
レイノルズ数　137, 140
レオペクシー　150
レオロジー　135
レナード-ジョーンズの反発項　22
連続反応　177

ロ

六方晶系　44

ワ

ワイセンベルグ効果　151

外国語索引

C

cmc 107
compressive stress 135
^{137}Cs 221

D

dashpot 143
DDS 162
dilatancy 150
DNA 212
DSC 50
DTA 50

E

elastic deformation 135

F

flow 135

H

fluidity 137

H

HLB 107, 125

I

^{123}I 218
^{111}In 219

N

NMR 211

P

plasticity 135

R

residual strain 135
rheopexy 150

S

shearing stress 135
spring 143
^{90}Sr 219
strain 135
stress 135

T

^{99m}Tc 219
tensile stress 135
TG 49
^{201}Tl 219

V

viscoelastics 143

Y

yield value 138

CBT 対策と演習
物理化学

定 価（本体 1,800 円＋税）

| 編 者 | 薬学教育研究会 | 平成 21 年 10 月 30 日 初版発行Ⓒ |
| 発行者 | 廣　川　節　男 東京都文京区本郷 3 丁目 27 番 14 号 | |

発行所　株式会社　廣川書店

〒 113-0033　東京都文京区本郷 3 丁目 27 番 14 号
〔編集〕電話 03(3815)3656　　FAX　03(5684)7030
〔販売〕　　 03(3815)3652　　　　 03(3815)3650

Hirokawa Publishing Co.
27-14, Hongō-3, Bunkyo-ku, Tokyo